Oscar Adrian Morales
Antonio Gomez Roa
Juan Antonio Paz Gonzalez

Túnel de viento subsónico FCITEC-01

Oscar Adrian Morales
Antonio Gomez Roa
Juan Antonio Paz Gonzalez

Túnel de viento subsónico FCITEC-01

Diseño, construcción y caracterización de un túnel de viento subsónico.

Editorial Académica Española

Imprint

Any brand names and product names mentioned in this book are subject to trademark, brand or patent protection and are trademarks or registered trademarks of their respective holders. The use of brand names, product names, common names, trade names, product descriptions etc. even without a particular marking in this work is in no way to be construed to mean that such names may be regarded as unrestricted in respect of trademark and brand protection legislation and could thus be used by anyone.

Cover image: www.ingimage.com

Publisher:
Editorial Académica Española
is a trademark of
Dodo Books Indian Ocean Ltd. and OmniScriptum S.R.L publishing group

120 High Road, East Finchley, London, N2 9ED, United Kingdom
Str. Armeneasca 28/1, office 1, Chisinau MD-2012, Republic of Moldova, Europe
Printed at: see last page
ISBN: 978-620-2-16601-0

TÚNEL DE
VIENTO
SUBSÓNICO
FCITEC-01

Túnel de viento subsónico FCITEC-01

Dr. Oscar Adrián Morales Contreras

Coordinador editorial

Rio blanco, Veracruz, México.

Con cariño para:

Luis Angel Morales.

Hugo Alexander Morales.

Jorge Adrian Morales.

Oscar Máximo Morales.

En memoria †

Sergio de Jesús Sufy Santiago

19 de Noviembre de 1995

30 de Abril de 2023

Ingeniero Aeroespacial.

Autores

* Profesor-Investigador: **Oscar Adrián Morales Contreras.**

Doctor en Ciencias en Ing. Mecánica por el Instituto Politécnico Nacional, México.

Especialidad en CFD y Técnicas de Visualización de flujo.

* Profesor-Investigador: **Antonio Gómez Roa.**

Doctor en Ciencias en Ing. Aeroespacial por la Universidad Autónoma de Baja California, México.

Especialidad en Sistemas Eléctricos y Electrónicos Espaciales.

* Profesor-Investigador: **Juan Antonio Paz González.**

Doctor en Ciencias de la Ingeniería por el Instituto Nacional de México campus Tijuana, México.

Especialidad en Diseño de Materiales avanzados.

* Profesora-Investigadora: **Emigdia Guadalupe Sumbarda Ramos.**

Doctora en Ciencias en Ing. Química por el Instituto Nacional de México campus Tijuana, México.

Especialidad en Electroquímica Ambiental.

* Profesor-Investigador: **Mauricio Leonel Paz González.**

Maestro en Ciencias en Ing. Mecánica por el Centro Nacional de Investigación y Desarrollo Tecnológico, México.

Especialidad en Diseño y Dinámica avanzada por software.

* Profesor-Investigador: **Raúl Vázquez Prieto.**

Doctor en Gerencia y Política Educativa por El Centro Universitario de Baja California, México.

Especialidad en Gestión de Capital Humano.

** Profesor-Investigador Cátedra CONACyT: **Alejandro Alonzo García.**

Doctor en Ciencias en Ing. Mecánica por el Instituto Politécnico Nacional, México.

Especialidad en Dinámica Computacional de Fluidos.

** Profesor-Investigador ESIME Azcapotzalco: **José Luis Arciniega Martínez.**

Maestro en Ciencias en Ing. Mecánica por el Instituto Politécnico Nacional, México.

Especialidad en Dinámica Computacional de Fluidos y Flujo compresible.

** **Alan Isaías López Muñoz.**

Ingeniero Mecánico por la Universidad Autónoma de Baja California, México.

Especialidad en Planeación de producción y Materiales.

** **Karla Itzel Flores Gonzalez.**

Ingeniera Aeroespacial por la Universidad Autónoma de Baja California, México.

Especialidad en Diseño avanzado por software.

Prologo.

La práctica de la aerodinámica experimental a baja velocidad ha seguido evolucionando y continúa siendo una piedra angular en el desarrollo para una amplia gama de vehículos y otros dispositivos que deben realizar sus funciones frente a las fuerzas impuestas por fuertes flujos de aire o agua. En los años setenta y hasta principios de los ochenta, un importante grupo de expertos predijo que la necesidad de realizar experimentos aerodinámicos, especialmente en el régimen subsónico, desaparecería rápidamente, ya que la dinámica de fluidos computacional llegaría en poco tiempo a ser capaz de generar información con una rentabilidad tal que sería superior a la de los experimentos. Es cierto que la capacidad computacional ha seguido mejorando a un ritmo considerable, pero no se ha acercado a un nivel suficiente para sustituir la necesidad de datos experimentales en análisis tan significativos como la comprensión del fenómeno de la turbulencia del flujo.

El aumento de la capacidad de almacenamiento y disminución de la incertidumbre en los instrumentos de medición ha contribuido en gran medida a los cambios en la investigación de la aerodinámica experimental, ya que ha aumentado drásticamente la velocidad a la que se pueden realizar las mediciones, haciendo que sean viables otros métodos de medición tal como la pintura sensible a la presión. La gran necesidad de integrar directamente los resultados de los experimentos con los obtenidos en las simulaciones computacionales sigue siendo prioridad en muchos laboratorios a nivel mundial, por lo que contar con bancos de prueba y equipos calibrados para desarrollar experimentos son de gran demanda en la actualidad.

Este libro ayudara a los estudiantes de ingeniería aeroespacial, aeronáutica, mecánica y ambiental que siguen un curso de técnicas experimentales a conocer, entender y aplicar el diseño, la construcción y caracterización de un túnel de viento subsónico en el que pueden desarrollarse pruebas de visualización de flujo para aplicaciones a modelos ambientales y vehículos aerodinámicos.

Agosto de 2022.

Emasofía Carolina García Zamora.

Ingeniera Aeroespacial.

Head of Internacional Astronautical Center.

Resumen

Este texto trata sobre el diseño, construcción y caracterización de un túnel de viento subsónico. En el capítulo 1 se muestra el estado del arte de los túneles de viento desde su origen hasta la actualidad, considerando los utilizados en investigación y aplicaciones estudiantiles. Para el capítulo 2 se muestra la metodología de diseño de un túnel de viento subsónico para aplicaciones de análisis de flujo con técnica de visualización con humo. Finalmente, en el capítulo 3 se presentan el proceso de construcción del túnel de viento y los resultados de la caracterización de la zona de pruebas además de las primeras imágenes obtenidas del flujo de humo al interior de modelos porosos.

Índice

Índice de figuras.

Índice de Tablas.

PRINCIPIOS
DEL TÚNEL
DE VIENTO

CAPÍTULO 1

1.1 Historia de túneles de viento.

El desarrollo de los túneles de viento es amplio y contiene muchos eventos importantes, pero los investigadores Green y Quest [1] resumen consistentemente los inicios tal como se relata a continuación:

En 1742, Benjamin Robins determinó el arrastre de las esferas de un mosquete midiendo las velocidades de las mismas disparadas sobre diferentes rangos con una carga fija de pólvora. Cuatro años más tarde, en 1746, reporto sus experimentos con un aparato armado giratorio mostrado en la figura 1, en el que un peso giraba un tambor que llevaba el objeto de prueba sobre un brazo largo. El arrastre fue determinado por el peso mientras que la velocidad del objeto de prueba se midió sincronizando un número de revoluciones del brazo. Esto le dio datos de arrastre más precisos, para una gama de formas, pero sólo en flujo de baja velocidad.

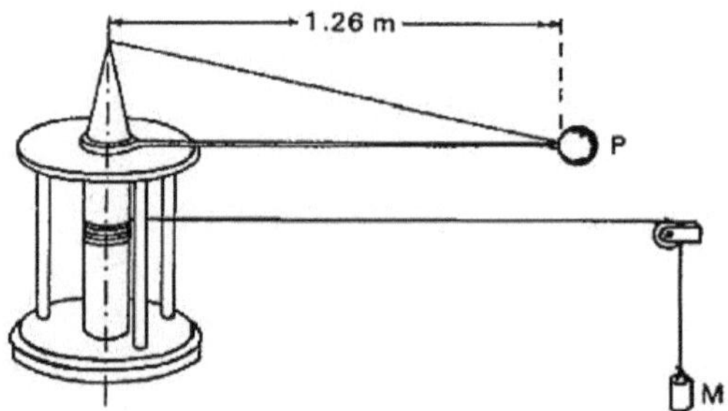

Figura 1. Instrumento de medición de Benjamin Robins [1].

El concepto de brazo giratorio fue retomado por Sir George Cayley, quien en 1804 lo utilizó para medir la fuerza de elevación sobre una placa cuadrada en ángulos de incidencia entre 3° y 18°, como se muestra en la figura 2, utilizando estos datos, diseñó, construyó y voló con éxito un modelo de planeador que se cree, ha sido el primer vehículo de vuelo en la historia y se muestra en la figura 3.

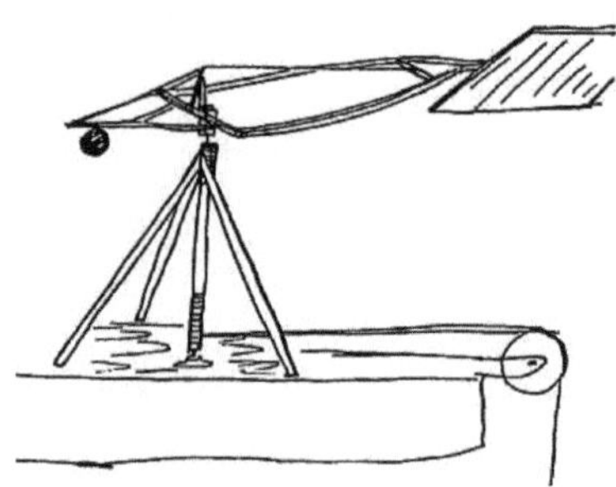

Figura 2.- Instrumento de medición de Sir George Cayley [1].

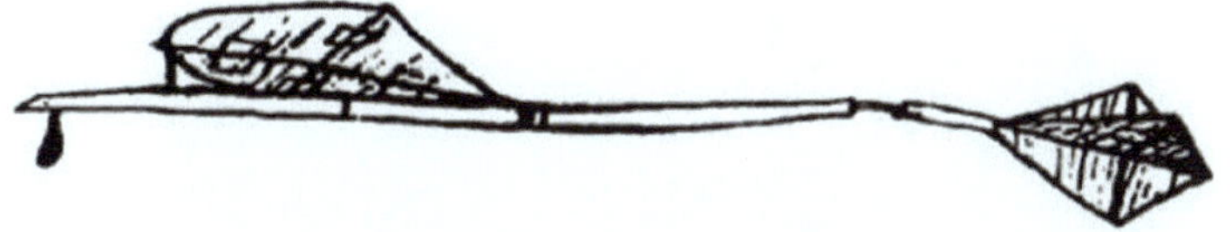

Figura 3.- Planeador de Cayley [1].

En el siglo XIX otros investigadores utilizaron el brazo giratorio, uno de los más notables fue Otto Lilienthal, quien entre 1866 y 1889 construyó varios de ellos de diferentes tamaños y midió las características de la sustentación y el arrastre de una gran variedad de modelos aerodinámicos, Otto utilizó estos modelos en el diseño de los planeadores en los cuales realizó más de 2500 vuelos entre 1891 y su vuelo final, fatal en 1896. En 1895 publicó las tablas derivadas de sus mediciones y éstas fueron republicadas en los E.U.A. en 1897.

Mientras tanto, en Gran Bretaña, Francis Wenham, después de experimentos insatisfactorios con un brazo giratorio, en 1871 persuadió a la Sociedad Aeronáutica de Gran Bretaña para recaudar fondos para construir un túnel de viento, el primero del mundo. Consistió en un conducto 12 pies de largo y 18 x 18 pulgadas de sección transversal con un ventilador conducido por una máquina de vapor. Tenía mala calidad de flujo, sin embargo, a partir de pruebas en una variedad de formas de ala, dos resultados significativos surgieron. En primer lugar, que en ángulos de incidencia pequeños la fuerza de elevación varía en proporción al seno del ángulo de incidencia, en lugar de al cuadrado del seno. En segundo lugar, las alas de alta relación de aspecto tenían mayores relaciones de elevación y arrastre que aquellas de baja relación de aspecto.

A principios de la década de 1880, también en Gran Bretaña, Horatio Phillips construyó un túnel de viento de proporciones similares al de Wenham, pero impulsado por un eyector de vapor. Esto produjo un flujo más estable y condujo a Phillips a desarrollar y patentar una serie de perfiles alares curvados, considerados los primeros en la historia. Otros siguieron a Wenham y Phillips en la construcción y experimentación de túneles de viento, pero con poco impacto hasta el paso decisivo adoptado por los hermanos Wright en el otoño de 1901. Ellos habían diseñado su primer planeador usando las tablas de Lilienthal de fuerza normal y axial. Cuando lo llevaron a Kitty Hawk, Carolina del Norte en septiembre de 1900, tuvieron un éxito limitado, pero encontraron que su ascenso era bastante más bajo de lo que se esperaba. Los resultados del año siguiente, con un nuevo planeador con mayor área de ala, también cayeron muy por debajo de las expectativas. Los Wrights concluyeron que las mesas de Lilienthal no eran fiables y en el otoño de 1901 construyeron un túnel de viento similar al de Wenham, con una sección de prueba de 16 x 16 pulgadas y un ventilador de dos paletas accionado por un motor de gasolina que se muestra en la figura 4.

Figura 4.- Túnel de viento de los hermanos Wright [1].

Es importante mencionar que "El error en las tablas de Lilienthal, se debió a que baso sus medidas de las fuerzas sobre un perfil aerodinámico utilizando un anemómetro calibrado en un valor de coeficiente de arrastre presentado por Smeaton en 1759 a partir de los resultados de un brazo giratorio obtenidos por su amigo, un cierto señor Rouse de Harborough. Los hermanos Wright determinaron a partir de sus pruebas en el túnel de viento que el coeficiente de Smeaton era incorrecto y debería ser 0.0033 en lugar de 0.005, valor que había sido ampliamente utilizado durante el siglo y medio anterior.

En 1902 presentaron un nuevo planeador (figura 5), diseñado sobre la base de sus resultados del túnel de viento, tenía casi dos veces la envergadura que el diseñado anteriormente.

Figura 5.- Planeador de 1902 de los hermanos Wright [1].

En Kitty Hawk, en 5 semanas de septiembre y octubre realizaron entre 700 y 1000 deslizamientos, los hermanos desarrollaron los controles de vuelo de esta máquina para que fuera totalmente controlable en tres dimensiones. También era más eficiente aerodinámicamente que cualquier cosa que se había construido antes, con un cociente de sustentación/arrastre de 8, habían establecido una base sólida para la máquina más grande con la cual, en diciembre de 1903 hicieron los primeros vuelos controlados. Este logro no hubiera sido posible sin sus pruebas de túnel de viento realizadas en 1901.

A comienzos del siglo XX, Gustav Eiffel inició una investigación midiendo las fuerzas aerodinámicas de los objetos que caían desde la segunda plataforma de la Torre Eiffel, a 377 pies sobre el nivel del suelo. Posteriormente en 1909 inició la construcción de un túnel de viento a la sombra de la Torre Eiffel. Su sección de prueba tenía 1.5 m de diámetro y su ventilador fue accionado por un motor eléctrico que se conectaba a la fuente de alimentación de la torre. En 1912 construyó un túnel similar pero más grande en Auteuil (figura 6) y patentó el diseño. Al igual que los primeros túneles pequeños como el de Wenham, Phillips y Wright, era un túnel abierto, alojado en un hangar con una sección de prueba con aire aspirado que circulaba a través de un difusor corriente abajo de la sección de prueba. La introducción de la campana y el difusor de Eiffel significó que la presión en la sección de prueba era inferior a la presión en el hangar y que la sección de prueba tenía que estar herméticamente cerrada, denominandole como "sala experimental".

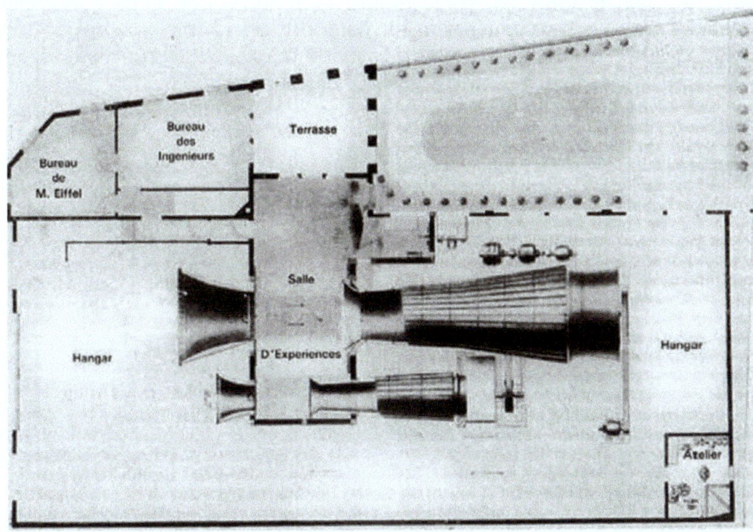

Figura 6.- Túnel de viento de Eiffel [1].

Los experimentos de Eiffel llevaron a una serie de avances significativos, fue pionero en la prueba de modelos de aviones completos y, al resolver un factor de desacuerdo entre sus resultados y los de Prandtl en Göttingen, en 1914 demostró por primera vez la fuerte caída en el arrastre de una esfera con número de Reynolds por encima de 300000 aproximadamente, cuando la capa límite de la esfera cambia de laminar a turbulento. El concepto del túnel de viento de Eiffel fue considerado un éxito y se construyeron versiones más grandes en las siguientes décadas.

En 1907 Ludwig Prandtl solicitó a la Sociedad alemana para el estudio del dirigible que financiara la construcción de un túnel de viento con un costo de 20000 marcos. El diseño consistía de un circuito cerrado de forma rectangular con una seccion de $2m^2$, el cual contaba con enderezadores de flujo y un panal aguas abajo del ventilador, además de cascadas de alabes giratorios en cada esquina. Sin embargo, debido a que casi todo el circuito tenía la misma sección transversal la velocidad de flujo era la misma y por lo tanto la calidad del flujo no era buena. El túnel fue construido en 1908 y en 1909 comenzó el trabajo práctico en la aerodinámica de los dirigibles. Estaba previsto como una instalación temporal y en 1911 Prandtl desarrollo la primer maqueta para la construcción de algo más sustancial. Las negociaciones para obtener los fondos para esto fueron completadas en 1914 cuando la Primera Guerra Mundial estalló, ahora con todo el interes concentrado en la aerodinámica de los aviones, continuó como un importante centro de pruebas durante la mayor parte de la guerra. En 1915, la administración de guerra aceptó construir un segundo túnel y se pusieron a su disposición 300000 marcos. El proyecto se terminó y comenzó a funcionar en la primavera de 1917. El túnel de viento (figura 7) encarnó por primera vez muchas características que se han convertido en estándar en la mayoría de los túneles construidos desde entonces, de hecho, en los años que siguieron, los túneles de viento tendieron a clasificarse como el diseño de Eiffel o de Götting.

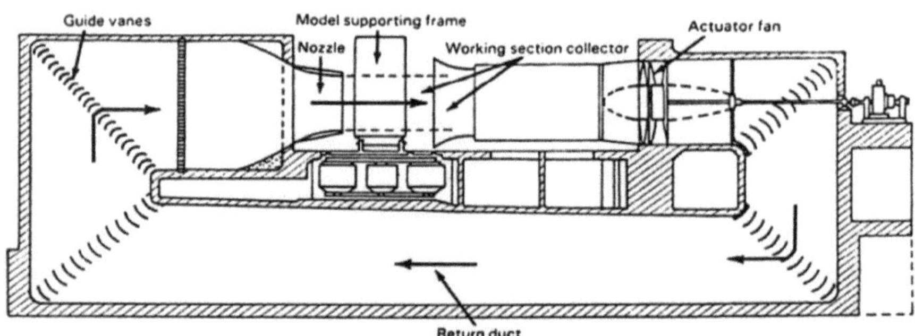

Figura 7.- Túnel de viento de Prandtl [1].

Después de revisar los inicios y motivaciones de la construcción de los primeros túneles de viento, a continuación se muestra una tabla que indica cuantos existen en los diferentes paises del mundo, esta información se toma del catálogo elaborado por Goodrich et. al. [2 y 3], el cual es una compilación de túneles de viento subsónicos, supersónicos e hipersónicos de los hemisferios occidental y oriental utilizados para pruebas aeronáuticas, se recomienda la lectura de éstas referencias ya que presentan datos técnicos, imagenes y planos de los túneles de viento desarrollados durante el siglo XX.

Tabla 1. Túneles de viento en el mundo [2 y 3].

País	Cantidad
Australia	20
China	39
Indonesia	1
Japón	14
Malasia	1
Singapur	1
Corea del Sur	21
Bélgica	8
Francia	14
Alemania	14
Italia	4
Holanda	10
Rumania	3
Rusia	58
Suecia	2
Ucrania	1
Reino Unido	21
India	20
Irán	7
Israel	7
Pakistán	3
Sudáfrica	9
Turquía	1
Argentina	1
Brasil	7
Canadá	8
U.S.A.	89

1.2. Túneles de viento en el mundo.

Los túneles de viento desarrollados en Rusia, Europa y U.S.A. se consideran los mas importantes del mundo, a continuación se explicara cada caso en particular, ademas del desarrollado en México y los que se ofertan comercialmente por empresas inglesas y norteamericanas principalmente.

1.2.1 En Rusia se encuentra el Instituto Central Aerohidrodinámico (TsAGI) [4] mostrado en la figura 8, el cual se fundó el 1 de diciembre de 1918 y lleva el nombre de Nikolái Zhukovsky quien es considerado el padre de la aviación rusa. Hoy el TsAGI es el centro de investigación científica más grande del mundo en virtud al decreto del Gobierno de la Federación Rusa No. 247 del 29 de marzo de 1994, que lo designada como un Centro de Investigación Estatal. Fue la primera institución científica en combinar estudios básicos, investigación aplicada, diseño estructural, producción piloto y pruebas. Durante su distinguida historia, ha desarrollado nuevas configuraciones aerodinámicas, criterios de control y estabilidad de aeronaves y requisitos de resistencia, además fue pionero en la teoría del aleteo junto con muchas otras aplicaciones y estudios experimentales.

Sus métodos de análisis estructural y optimización hacen posible el diseño fiable de aeronaves de nueva generación para garantizar una vida útil de 50000 a 60000 horas. En la década de 1980, los científicos del TsAGI trabajaron para mejorar la maniobrabilidad de los cazas modernos. Obtuvieron soluciones para muchos problemas relacionados con el control de la aeronave cuando las condiciones de separación del flujo se daban con altas incidencias. Esto se demuestra en la maniobrabilidad del MiG-29 y el Su-27 y se ha verificado mediante la realización de la maniobra "cobra de Pugachev". Hoy el Instituto entiende que la tecnología aeroespacial y las perspectivas de desarrollo de aeronaves están directamente relacionadas con la investigación en el área de velocidades de vuelo elevadas. El último ejemplo de este tipo de investigación es el desarrollo de la nave espacial orbital "Buran". También se han obtenido grandes logros en las áreas de la aviación civil, los esfuerzos de modernización han aumentado la distancia máxima de vuelo del Tu-154 en 500 millas y, al mismo tiempo, han aumentado la capacidad de pasajeros en 16 personas. El consumo de combustible también se ha reducido en un 20% por pasajero. El TsAGI se enorgullece no solo de su contribución al desarrollo de ejemplos sobresalientes de tecnología aeroespacial, sino también del talentoso personal de científicos, ingenieros y técnicos que trabajan en soluciones para los problemas de aviación más complejos. Durante los últimos años el Instituto estableció contactos con la mayoría de los centros de investigación y fabricantes de aeronaves en Europa, Estados Unidos y Asia porque considera que estas relaciones son solo el comienzo de una nueva cooperación internacional en el futuro del vuelo.

Figura 8.- Instituto Central Aerohidrodinámico (TsAGI) [4].

Los túneles de viento con los que cuenta el TsAGI se enlistan a continuación, ademas se muestran planos e imágenes de algunas zonas de pruebas en las figuras 9 a 22:

A) El T-101 (figura 9) es un túnel de viento subsónico de operación continua y diseño cerrado con dos canales inversos y una sección de prueba abierta. Cuenta con dos ventiladores de 30 MW de potencia total. Está equipado con una balanza electromecánica de seis componentes y un sistema de control remoto del objeto de prueba. El sistema computarizado de medición y control permite el registro, la adquisición y el procesamiento de datos.

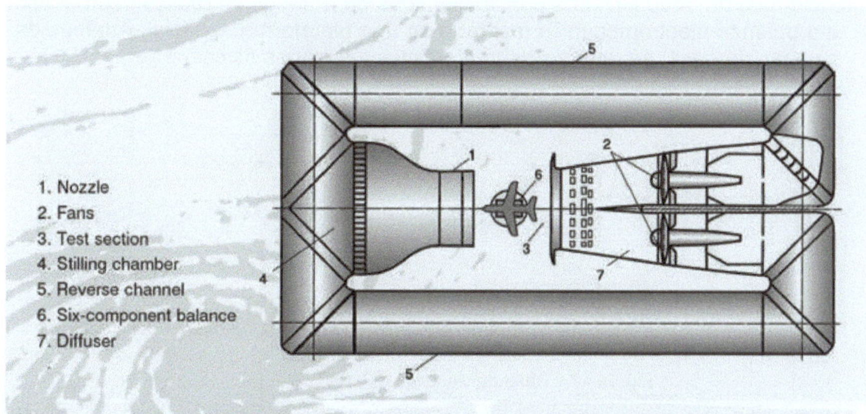

Figura 9.- Túnel de viento T-101 del TsAGI [4].

B) El T-102 (figura 10) es un túnel de viento subsónico de diseño cerrado y operación continua con dos canales y una sección de prueba abierta diseñada para investigar las características aerodinámicas de los modelos de aeronaves en el despegue, aterrizaje y baja velocidad de vuelo. Cuenta con dos ventiladores, cada uno accionado por un motor eléctrico de corriente constante de 250 kW. Los principales tipos de mediciones que se realizan son equilibrio electromecánico. El sistema computarizado de medición y control permite el registro, la adquisición y el procesamiento de datos. Puede almacenar modelos con seccion alar de hasta 0.8m², con envergadura de hasta 2.5m y longitud de hasta 2.5m.

Figura 10.- Zona de pruebas de túnel de viento T-102 del TsAGI [4].

C) El T-103 (figura 11) es un túnel de viento subsónico de diseño cerrado y operación continua con un canal inverso y una sección de prueba abierta diseñada para investigar las características aerodinámicas de los modelos de aeronaves en el despegue, el aterrizaje y el vuelo a baja velocidad. El flujo de aire es generado por un ventilador accionado por motor eléctrico de corriente constante con una potencia total de 4400 kW. Los principales tipos de pruebas se realizan con el uso de una balanza electromecánica montada en una plataforma especial. Además de las pruebas de peso, se realizan diferentes investigaciones físicas.

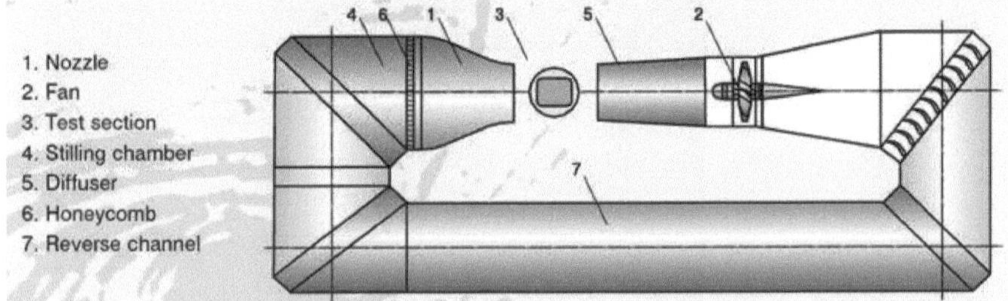

Figura 11.- Túnel de viento T-103 del TsAGI [4].

D) El T-104 (figura 12) es un túnel de viento de diseño cerrado y operación continua con un canal inverso y una sección de prueba abierta. Un ventilador de dos etapas ubicado en el canal inverso y accionado por dos motores eléctricos de potencia total 28.4 MW. El túnel de viento está diseñado para investigar plantas de energía, ventiladores y rotores principales a gran escala, así como elementos separados de vehículos de vuelo a gran escala y sus modelos a bajas velocidades subsónicas y una amplia gama de ángulos de deslizamiento y ataque.

Figura 12.- Zona de pruebas de túnel de viento T-104 del TsAGI [4].

E) El T-105 (figura 13) es un túnel de viento vertical, de operación continua y diseño cerrado con una sección de prueba redonda abierta. Un ventilador accionado por un motor eléctrico de 450 kW. El túnel de viento está diseñado para investigar los modos de giro al probar modelos dinámicamente similares de aeronaves y otros vehículos de vuelo en vuelo libre. También es ampliamente utilizado para investigaciones de características aerodinámicas de vehículos de vuelo y sus elementos utilizando equipos especiales con complejos de equilibrio.

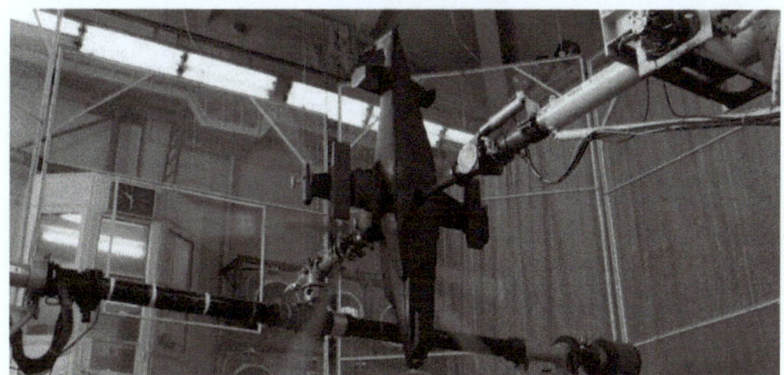

Figura 13.- Zona de pruebas de túnel de viento T-105 del TsAGI [4].

F) El T-106 (figura 14) es un túnel de viento de densidad variable, de funcionamiento continuo y diseño compacto diseñado para investigar las características aerodinámicas de modelos de aeronaves y componentes de vehículos de vuelo a velocidades subsónicas y transónicas. El caudal es generado por un compresor con accionamiento eléctrico de 32 MW. La sección de ensayo es circular y paredes perforadas está equipada con una balanza electromecánica y un juego de balanzas extensométricas para medir fuerzas y momentos aerodinámicos de modelos y sus elementos, con dispositivos de soporte de 3 tipos (tira de suspensión, punta de cola y puntal debajo del fuselaje).

Figura 14.- Zona de pruebas de túnel de viento T-106 del TsAGI [4].

G) El túnel de viento T-107 (figura 15) es una instalación de circuito cerrado de operación continua atmosférica que está equipada con un equilibrio electromecánico de cuatro componentes para medir las fuerzas aerodinámicas y los momentos que afectan el modelo. En este túnel de viento se mejoraron las propulsiones para aviones como Tu-95, An-22, An-70, etc.

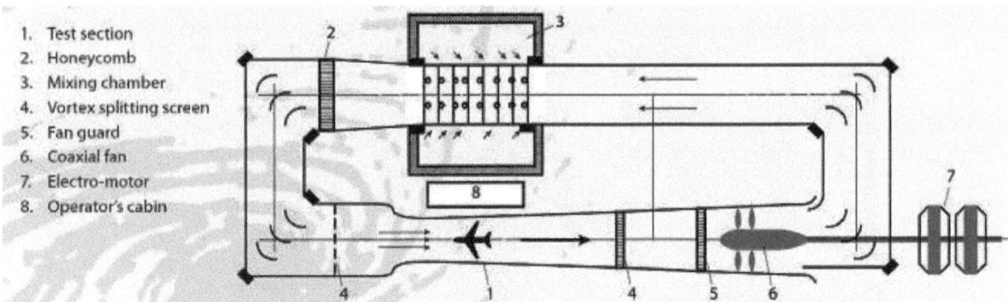

Figura 15.- Túnel de viento T-107 del TsAGI [4].

H) El túnel de viento aerodinámico T-109 (figura 16) es una instalación de prueba de diseño semicerrado con densidad variable con un canal inverso, dos eyectores y un difusor supersónico ajustado. El flujo es generado por aire comprimido acumulado en recipientes a presión con la ayuda de compresores. La sección de prueba está cerrada y perforada en el área de ubicación del modelo con sección transversal cuadrada destinada a investigaciones bajo M $\leqslant$ 1.7. La porosidad de las paredes horizontales puede variar de 0 a 18 %, mientras que las verticales de 0 a 65 %. También está equipado con dispositivos de suspensión de tres tipos destinados al rendimiento de las pruebas estándar: cuerda de cola, suspensión de tiras y cuerda lateral. Los regímenes operativos de caudal están habilitados por un conjunto de boquillas de área fija y una boquilla de área variable (M = 0,4...0,4).

Figura 16.- Zona de pruebas de túnel de viento T-109 del TsAGI [4].

I) El túnel de viento transónico T-112 (figura 17) es de circuito semicerrado de tipo eyector intermitente trans y supersónico. Está equipado con tres boquillas extraíbles para proporcionar un rango de números de Mach de 0.6...1.25. Dependiendo del tipo de modelo ensayado, las paredes utilizadas pueden perforarse bilateralmente (panel superior e inferior) y tetralateralmente (panel superior, inferior y lateral). La relación de área abierta de las paredes perforadas puede diferir de 0 a 23 %. Las pruebas en el número de Mach de 1.77 se realizan en la sección de prueba de paredes sólidas. El túnel de viento está equipado con una balanza electromecánica de cuatro componentes y un juego de balanzas extensométricas para medir fuerzas y momentos que se aplican en los modelos probados.

Figura 17.- Zona de pruebas de túnel de viento T-112 del TsAGI [4].

J) El túnel de viento T-113 (figura 18) es una instalación de paso directo de purga altamente supersónica con sección de prueba cerrada y está equipado con dos eyectores. La envolvente operativa se implementa mediante nueve boquillas extraíbles. Se utiliza un eyector para realizar M=1.75...3.25. Para reducir las cargas en el modelo y los dispositivos de suspensión en el rango de M=1.75...4.0, el modelo puede probarse con dos eyectores motorizados bajo una presión total reducida en la cámara de sedimentación. También está equipado con balanzas de cuatro componentes y un conjunto de balanzas extensométricas para medir las fuerzas y los momentos que actúan sobre los modelos probados.

Figura 18.- Zona de pruebas de túnel de viento T-113 del TsAGI [4].

K) El túnel de viento T-116 (figura 19) es una instalación de prueba de purga supersónica e hipersónica con una sección de prueba cerrada y un difusor supersónico ajustado, un eyector de succión de tres niveles que funciona a través del aire comprimido de un recipiente y lo expulsa a la atmósfera. Los regímenes operativos de flujo están habilitados por tres conductos de suministro de aire independientes, es decir, uno para velocidades supersónicas (M=1.8...4.0) y dos conductos para rangos hipersónicos con M=5...7 y M=7...10 Los conductos hipersónicos están equipados con resistencia al calor. El túnel de viento está equipado con un conjunto de boquillas intercambiables para un flujo con diferentes números de Mach discretos. El túnel de viento está equipado con una balanza electromecánica de seis componentes y un juego de balanzas extensométricas para fuerzas y momentos de los modelos y sus elementos estructurales.

Figura 19.- Zona de pruebas de túnel de viento T-116 del TsAGI [4].

L) El Túnel de Viento T-117 (figura 20) es una instalación de pruebas hipersónicas de tipo operación cíclica con lazo abierto, destinada a las investigaciones de las características aerotermodinámicas de cohetes y vehículos espaciales y modelos de sus componentes. Está equipado con el conjunto de boquillas perfiladas axisimétricas con un diámetro de salida de 1 m para crear un flujo de operación con una amplia gama de números M y Re. El aire comprimido se conduce desde el cilindro (hasta 28 MPa de presión) a la cámara de ecualización, donde se calienta a la temperatura requerida mediante calentadores de arco eléctrico. Finalmente cuenta con un sistema de cuatro eyectores supersónicos y un sistema de vacío para generar un conducto de presión negativa/vacío en operación. La sección de prueba constituye una cámara de Eiffel con paredes refrigeradas. Está equipado con dos sistemas de suspensión que permiten insertar rápidamente el modelo en un flujo y cambiar su posición. Hay ventanas ópticas en las paredes de la sección de prueba para visualizar el flujo de aire del modelo por varios métodos y para hacer una grabación de video.

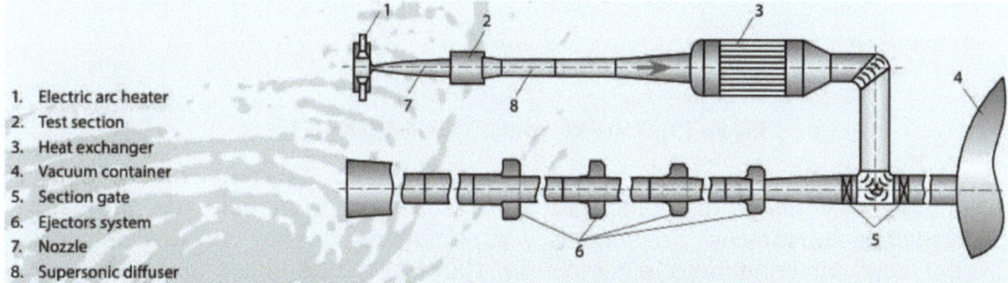

Figura 20.- Túnel de viento T-117 del TsAGI [4].

M) El túnel de viento T-124 (figura 21) es una instalación subsónica de baja turbulencia y bajo ruido diseñada para llevar a cabo investigaciones fundamentales y aplicadas, así como para realizar actividades enfocadas a la mejora y el progreso de la metodología de investigaciones aerofísicas. La uniformidad del campo de velocidad y la baja turbulencia del flujo son proporcionadas por medios especiales, que incluyen la alta relación de contracción, la aplicación de difusores con ángulos de apertura pequeños, la instalación de pantallas dentro de la cámara de sedimentación, las cuchillas guía ajustables con forma y la precisión de pulido de la superficie interna del conducto del túnel. Todos los componentes principales excepto la sección de prueba y la del ventilador, están hechos de madera, cuya ventaja es su alta característica de absorción de ruido. La sección de prueba de perfil cuadrado está hecha de metal y tiene ventanas en las paredes laterales. El crecimiento de la capa límite a lo largo de la sección de prueba se compensa con insertos especiales de sección transversal variable.

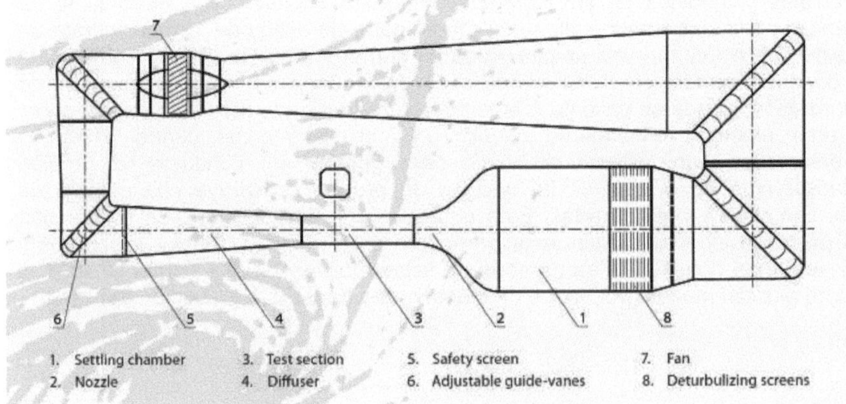

Figura 21.- Túnel de viento T-124 del TsAGI [4].

N) El T-128 (figura 22) es un túnel de viento de densidad variable y funcionamiento continuo diseñado para la investigación de modelos de aeronaves a velocidades subsónicas, transónicas y supersónicas cuenta con un compresor principal con accionamiento eléctrico de 100 MW. Está equipado con cuatro secciones de prueba intercambiables, tres de las cuales tienen perforación de pared variable (hasta 128 paneles controlados de forma independiente con una relación de perforación que varía de 0 a 18 % según el programa informático).

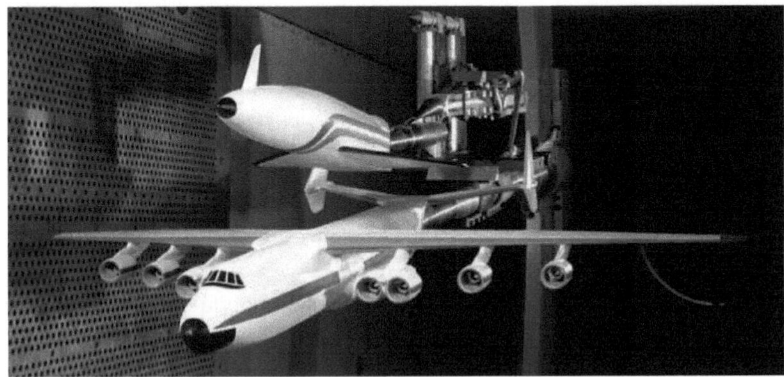

Figura 22.- Zona de pruebas de túnel de viento T-128 del TsAGI [4].

El TsAGI cuenta con 3 túneles más conocidos como el T-131, T1-2 y T-5, además de 2 simuladores de vuelo, un laboratorio de resistencia estática, resistencia a la fatiga, una catapulta flotante y tres cámaras acústicas.

1.2.2. El Túnel de Viento Transónico Europeo (ETW) [5] pertence a una organización internacional cuyo objetivo principal es promover la investigación y el desarrollo aeroespacial europeo (figura 23). La sociedad sin fines de lucro con responsabilidad limitada según la ley alemana, se estableció el 28 de abril de 1988 sobre la base de un Memorando de Entendimiento intergubernamental de cuatro Estados miembros de la Comunidad Europea: Francia, Alemania, Gran Bretaña y Paises Bajos. La compañía opera, mantiene y desarrolla un túnel de viento de alto número de Reynolds, la instalación de pruebas aerodinámicas más avanzada del mundo. La construcción comenzó en 1990 y finalizó en 1993. Desde 1995, después de la puesta en marcha y la calibración el ETW está en pleno funcionamiento y ha demostrado cumplir con las especificaciones de diseño en muchas campañas de prueba diferentes.

El túnel proporciona datos de prueba de alta calidad en números reales de vuelo de Reynolds de aviones de transporte modernos y está abierto a clientes de todo el mundo. Esta ubicado en el centro de Europa, cerca del aeropuerto internacional de Bonn en Alemania, y tiene excelentes conexiones con los sistemas ferroviarios y de autopistas europeos, lo que es una ventaja significativa para todos los clientes y contratistas. Cuenta un circuito aerodinámico cerrado contenido dentro de una carcasa de presión de acero inoxidable aislada internamente. El compresor con una potencia de accionamiento de hasta 50 MW (figura 24) hace circular el gas nitrógeno por el circuito. El diseño general del circuito y especialmente el diseño del área de la cámara de amortiguación, la boquilla y la sección de prueba son consistentes con la excepcional calidad de flujo requerida para las pruebas de alto número de Reynolds.

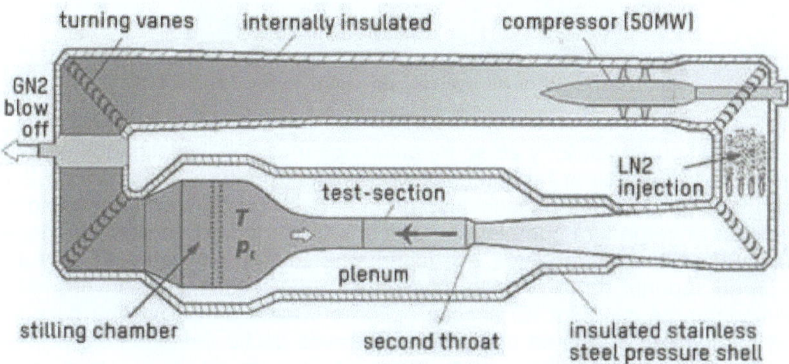

Figura 23.- Túnel de viento Transónico Europeo [5].

Figura 24.- Compresor de 50MW del ETW [5].

Para lograr la baja temperatura deseada del flujo de gas y para compensar la entrada de calor causada por la fricción viscosa en el flujo, se inyecta continuamente nitrógeno líquido con una temperatura de menos 196 grados centígrados en el flujo del túnel a través de cuatro rastrillos con unas 230 boquillas de aspersión que se muestran en la figura 25. Este nitrógeno líquido se vaporiza inmediatamente y forma así el flujo de gas frío.

Figura 25.- Rastrillos de inyección de nitrógeno líquido del ETW [5].

El ETW es líder en el mundo para probar aeronaves en condiciones reales de vuelo. En las figuras 26, 27 y 28 se muestran los modelos investigados en la zona de pruebas, la cual tiene las dimensiones siguiente: altura 2.0m, ancho 2.4m y longitud 9.0m, para estas dimensiones de la sección de prueba, un modelo típico de avión de envergadura completa tendría una envergadura de aproximadamente 1.6m, mientras que los modelos a la mitad, que se fijan con la mitad del fuselaje en la pared superior de la sección de prueba, pueden tener una envergadura de aproximadamente de 1.3m. El acceso óptico a la sección de prueba para varias cámaras y fuentes de luz se proporciona a través de 90 ventanas especiales en todas las paredes. Aguas abajo de la sección de prueba está la segunda garganta ajustable, diseñada para minimizar las perturbaciones de flujo que se propagan aguas arriba y para proporcionar un control del número de Mach de alta precisión durante la operación del túnel a números de Mach entre 0.7 y 1.0.

Figura 26.- Vista frontal de modelo completo instalado en la zona de pruebas del ETW [5].

El rendimiento de la aeronave y sus límites de envolvente de vuelo se pueden determinar con precisión y calidad única mucho antes de las pruebas de vuelo de un primer prototipo. Esto permite una reducción significativa de los riesgos técnicos y económicos asociados con el desarrollo de nuevos aviones.

El sistema de gestión del túnel ETW ha sido aprobado por el Lloyd's Register Quality Assurance Ltd., según la norma ISO 9001:2015. El alcance de esta aprobación es aplicable a las pruebas aerodinámicas en túnel de viento de los modelos de los clientes, particularmente en el Régimen de Número de Reynolds alto.

La organización y el personal de la empresa están diseñados para operar de manera eficiente y brindar a los clientes todos los servicios necesarios en relación con las pruebas en túnel de viento, el idioma oficial de la empresa es el inglés, sin embargo, la comunicación también es posible en francés y alemán.

Figura 27.- Vista posterior de modelo completo instalado en la zona de pruebas del ETW [5].

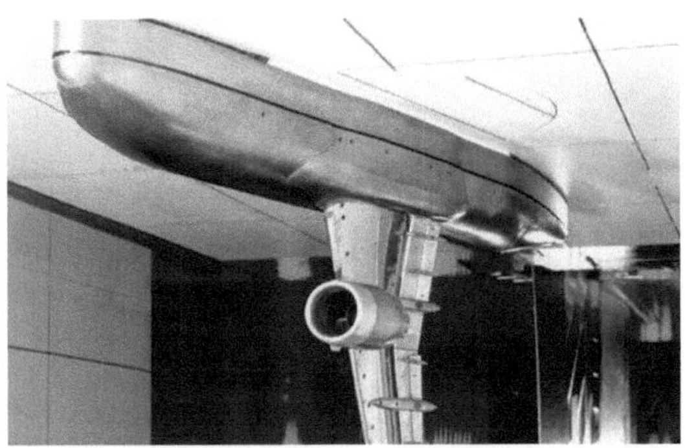

Figura 28.- Vista frontal de la mitad de modelo instalado en la zona de pruebas del ETW [5].

1.2.3. Durante más de 80 años, el túnel de viento de los hermanos Wright del Instituto de Tecnologia de Massachusetts (MIT) [6] en los Estados Unidos de Norteamérica ha sido una poderosa herramienta de prueba para la innovación en la aviación y los vuelos espaciales, y ha hecho avanzar la investigación para los líderes de la industria, así como para el MIT (figura 29). Sus capacidades de viento fuerte se han utilizado para evaluar las propiedades aerodinámicas de todo, desde motocicletas, aviones y drones hasta equipo de esquí olímpico, trajes espaciales y posibles estructuras de construcción.

En 2017, el Departamento de Aeronáutica y Astronáutica del MIT (AeroAstro) anunció que reemplazaría el túnel con una nueva instalación gracias a un compromiso de financiamiento principal de Boeing con Mark Drela, el profesor Terry J. Kohler y director de Wright Brothers Wind Túnel, al timón. El túnel de viento del MIT es el más avanzado del país, capaz de alcanzar velocidades de hasta 230 millas por hora, con la sección de prueba más grande en la academia estadounidense. Se espera que el túnel de viento de los hermanos Wright alcance su plena capacidad operativa a mediados del verano de 2022. En ese momento, el túnel de viento de los hermanos Wright estará abierto para realizar pruebas industriales, recorridos programados y más.

Datos acerca de las instalaciones recientemente renovadas:

1. El nuevo túnel duplica con creces el volumen de la sección de prueba, en comparación con el original sin aumentar la huella de la instalación en el campus, un logro significativo que requirió una arquitectura completamente nueva. La instalación ultracompacta tiene el 20% de la masa estructural de los túneles de viento convencionales de capacidad similar, lo que significa que se necesitó un 80% menos de acero para la versión del MIT.

2. La sección de prueba anterior tenía un área de flujo ovalada de 57 pies cuadrados y estaba limitada a 150 mph con una turbulencia relativamente alta. La nueva versión mejora a su predecesora con 90 pies cuadrados de espacio, mucho mejor calidad de flujo de aire y visibilidad, y una velocidad máxima de 230 mph.

3. Para adaptar un túnel de viento moderno y de gran capacidad en un pequeño espacio de bienes raíces de Cambridge, los diseñadores introdujeron una serie de innovaciones para ahorrar espacio, como combinar componentes normalmente separados y agregar un ventilador con aspas de forma novedosa que reducen la potencia de accionamiento en un 17% y permiten colocar un difusor principal o conducto más corto.

4. Un sistema de control y adquisición de datos basado en MATLAB, respaldado por MathWorks, proporciona un control preciso sobre las operaciones del túnel y recopila y registra datos, reemplazando un método de portapapeles y hoja de cálculo propenso a errores. El sistema evita el acceso no autorizado y activa un apagado si algo sale mal.

5. Los vecinos del campus más cercanos al túnel ahora se benefician de una instalación mucho más silenciosa que su clamoroso antepasado. Con el ventilador funcionando a 120 mph, una medición de ruido en la ventana de una oficina cercana reveló niveles de 65 decibeles, casi tan fuertes como el tráfico de automóviles en la calle.

6. Con potencia mejorada y una gran cantidad de tecnología sofisticada, el nuevo túnel ha ampliado enormemente las capacidades de investigación de AeroAstro, para incluir mediciones de arrastre de alta precisión que antes eran complicadas; experimentos influenciados por las transiciones del flujo de aire (trabajo en vehículos aéreos no tripulados, palas de turbinas eólicas, alas y carrocerías de aeronaves, por ejemplo); e investigaciones que recurren a la iluminación ultravioleta e infrarroja para el seguimiento del movimiento y la generación de imágenes de flujo avanzadas.

Ademas del túnel de viento del MIT en los Estados Unidos de Norte América se deben destacar los instalados en el Centro de Investigación AMES de la Administración Nacional de Aeronáutica y el Espacio [7], donde recientemente se realizarón pruebas del avión supersónico X-59. Se sugiere al lector visitar las paginas especialidas de la NASA para su revisión a detalle.

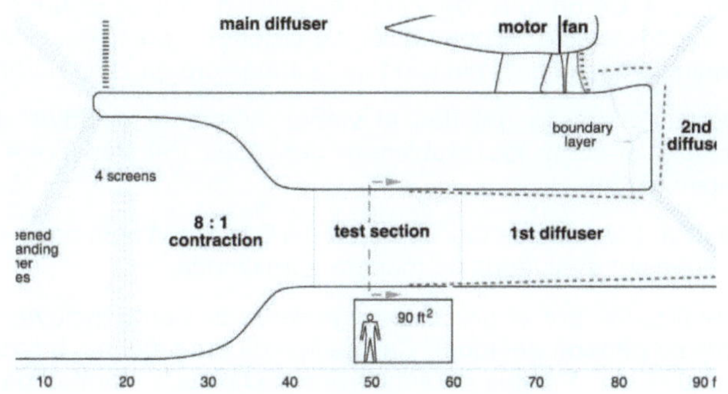

Figura 29.- Túnel de viento del MIT [6].

21

1.2.4. Con el propósito de mejorar y promover la investigación en Ingeniería de Viento Mexicana, misma que se considera como un área de investigación joven en el país, en 2005 académicos del IIUNAM realizaron el diseño de un túnel de viento de capa límite atmosférica [8], el cual fue posteriormente optimizado por una empresa especialista en túneles de viento. Finalmente, en febrero de 2015 se inauguró un túnel de viento de capa límite atmosférica que permite simular el ambiente atmosférico y las estructuras inmersas en este entorno que pudiesen ser susceptibles a los efectos de los fenómenos meteorológicos, en la figuras 30 y 31 se muestra el túnel de viento y la zona de pruebas. Con la dirección técnica y de investigación del laboratorio, el Grupo de Ingeniería del Viento del IIUNAM opera el nuevo laboratorio de túnel de viento de capa límite atmosférica (colaboración UNAM-FiiDEM).

Las principales características de este túnel son:

    Circuito de retorno simple (38 x 14 m).

    Secciones de prueba:

    Sección de alta velocidad (3 x 2 m).

    Sección de baja velocidad (4 x 4 m).

    Dos mesas giratorias con Velocidad máxima de 80 km/h.

Algunas pruebas que se pueden desarrollar en el nuevo túnel de viento son:

    Ingeniería Civil: Los ensayos o pruebas que pueden ser desarrollados en este campo de la Ingeniería Civil son muy variados. Entre ellos cabe destacar la importancia que tiene la determinación de cargas estáticas y dinámicas del viento sobre puentes y otras estructuras civiles singulares.

    Arquitectura: Debido a la ligereza y requerimientos estéticos de las estructuras arquitectónicas modernas, cada día se requiere de un conocimiento más exhaustivo de las cargas de viento sobre edificios con elementos arquitectónicos tales como cubiertas, esculturas, etc.

    Meteorología: En un túnel de viento es posible simular algunos fenómenos meteorológicos, por ejemplo, la generación de ciclones y precipitaciones. También es posible el estudio de la contaminación de la atmósfera en zonas urbanas.

    Transporte de masas debidas al viento: Mediante estudios de túnel de viento, es posible analizar los problemas derivados del transporte de masas gaseosas contaminantes.

    Aeronáutica: Los efectos del viento en perfiles aerodinámicos y en modelos de aviones pueden ser evaluados de manera aproximada.

Los trabajos realizados por el grupo de ingeniería de viento incluyen:Evaluación del funcionamiento general del túnel, Calibración de las pruebas, Instrumentación, muestreo y adquisición, Perfiles de simulación completa y Perfiles de simulación parcial.

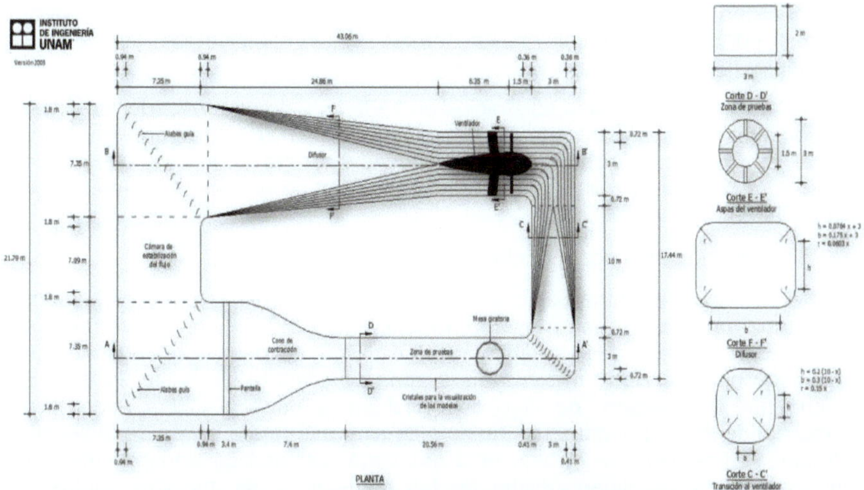

Figura 30.- Túnel de viento de la UNAM [8].

Figura 31.- Túnel de viento y zona de pruebas de la UNAM [8].

1.2.5. Existen tres empresas principales que suministran túneles de viento utilizados para fines educativos en México, y a continuacion se decriben brevemente:

I.- Armfield® [9], desde sus inicios en 1963 ha sido un proveedor orgulloso, independiente y responsable de equipos técnicos. En la actualidad, es el líder mundial en el suministro de equipos educativos innovadores y equipos de investigación y desarrollo industrial para laboratorios de alimentos, farmacéuticos e industriales.

Esta compañía presenta dos modelos de tunel de viento:

1.- El C15-10 es un túnel de viento compacto controlado por computadora diseñado para operar en una mesa de trabajo (figura 32). El aire es aspirado por un ventilador de velocidad variable en el extremo de descarga del túnel que proporciona una velocidad máxima en la zona de pruebas de hasta 34 m/s. Se incorpora un enderezador de flujo de panal en la entrada y una relación de contracción de 9:4:1 que garantiza un flujo de aire uniforme a través de la sección de trabajo. La sección de trabajo está fabricada con acrílico transparente para proporcionar una visibilidad óptima de los modelos, y se incluyen puntos de conexión de modelo apropiados en la pared lateral y el techo de la sección de trabajo para facilitar su uso. El túnel de viento se puede suministrar con una gama de accesorios opcionales que incluyen cuerpos de arrastre, cuerpos de elevación, distribución de presión, estudios de capas límite e instrumentos de medición.

La sección de trabajo incorpora una técnica innovadora para la visualización de flujo alrededor de cualquiera de los modelos opcionales evitando la necesidad de humo o hielo seco. Una cuerda ligera sigue el contorno del flujo alrededor del modelo y muestra si se produce una separación (desprendimiento) de la capa límite y dónde.

2.- El túnel de viento C30 (figura 33), permite al usuario realizar estudios avanzados en los campos de la aerodinámica, incluidos experimentos de capa límite, visualización de flujo, distribución de presión, estudio de turbulencia y ofrece la posibilidad de desarrollar perfiles aerodinámicos de diseño propio para probar. El túnel de viento comprende características sobresalientes como el control por computadora, la operación remota, el registro de datos y el trazado de diagramas en tiempo real. El sistema también se beneficia de una visualización clara de cada modelo bajo prueba debido a la arquitectura de la sección de trabajo en material transparente y el diseño compacto de todos los componentes. La sección de trabajo incorpora tres tomas en su parte superior para incorporar tubos de pitot. Estos están ubicados al comienzo de la sección de trabajo, aguas arriba y aguas abajo del modelo bajo la ubicación de prueba.

Cuenta con una sección de trabajo de 310mm por 310mm y 600mm de largo, un sistema de circuito abierto y control de velocidad preciso hasta 40 m/s.

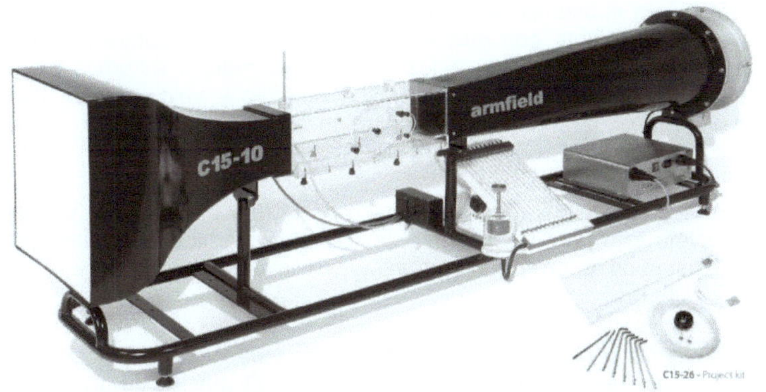

Figura 32.- Túnel de viento C15-10 [9].

Figura 33.- Túnel de viento C30 [9].

II. TECQUIPMENT® [10], fue fundada en 1958 por el renombrado fabricante de relojes William Cope y el pionero de la ingeniería Sir Joseph Pope, profesor de ingeniería mecánica en la Universidad de Nottingham. A medida que se establecía la era digital, TecQuipment introdujo su módulo de adquisición de datos digitales, VDAS®, que permite a los estudiantes capturar datos de experimentos en una computadora. Fue una década centrada en la modernización de toda la gama de productos. En 2008, Simon Woods, el actual director general, compró la empresa de productos educativos TecQuipment que conocemos hoy. Esta compañía presenta varios modelos de túnel de viento, pero solo se mencionan los siguientes

1.- Tunel de viento subsónico AF1300 de succión de circuito abierto (figura 34), compacto e independiente con una sección de trabajo de 305mm por 305mm y 600mm de largo, lo que permite a los estudiantes realizar estudios avanzados como análisis de capas límite, visualización de flujo y velocidad en la estela, ofreciendo una amplia funcionalidad de enseñanza e investigación.

2.- Túnel de viento subsónico de sobremesa AF1125 y circuito abierto ofrece un sistema completo listo para la experimentación aerodinámica, adecuado para uso universitario, estudios de pregrado y proyectos de investigación.

3.- Túnel de viento súbsonico abierto de succión subsónica AF1450S, con una sección de trabajo de 450 mm por 450 mm y 1000 mm de largo. El paquete incluye la Superficie Sustentadora con Conectores, una Balanza de Tres Componentes, dos Transductores de Presión Diferencial, una Unidad de Visualización de Presión de 32 Vías y el Sistema Versátil de Adquisición de Datos (VDAS-F).

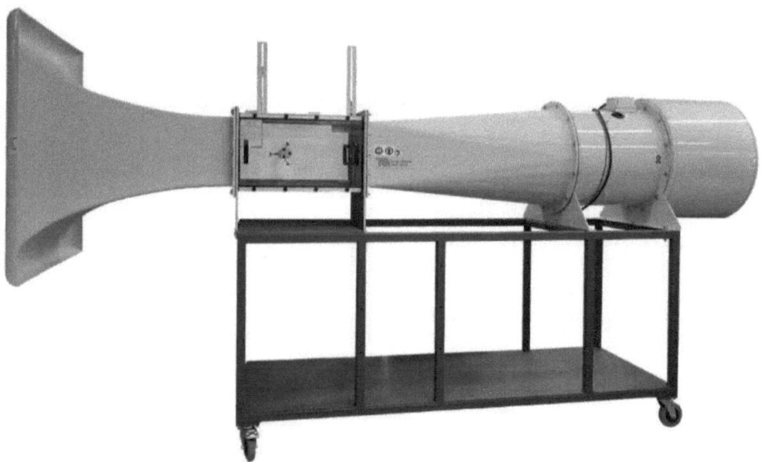

Figura 34.- Túnel de viento subsónico AF1300 [10].

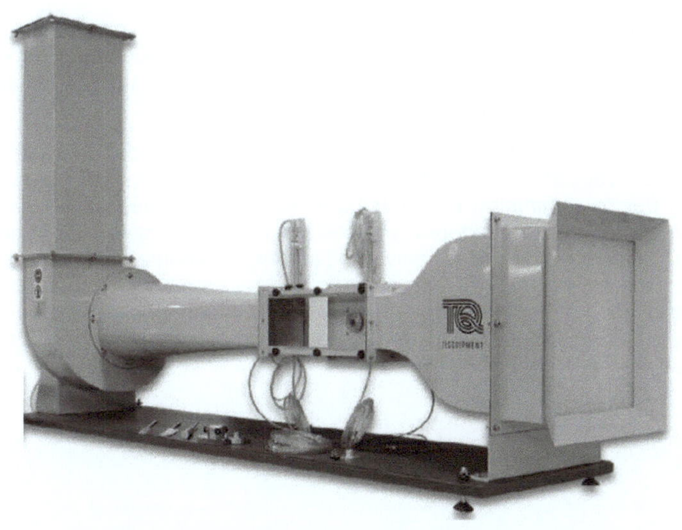

Figura 35.- Túnel de viento subsónico AF1125 [10].

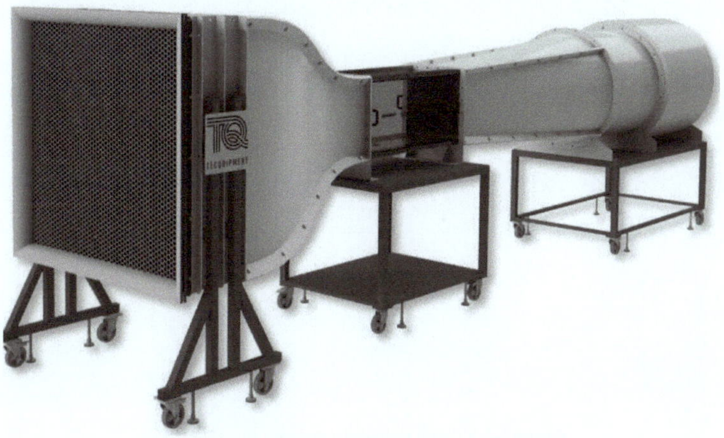

Figura 36.- Túnel de viento subsónico AF1450S [10].

III.- AEROLAB ® [11]. El primer túnel de viento educativo se elaboró en el sótano de Wiley Sherwood en 1947 en los Estados Unidos de Norteamerica, quien vio la necesidad de un túnel de viento educativo para ayudar a los estudiantes a comprender los principios aerodinámicos básicos. En 1960 AEROLAB se actualizó a una instalación independiente de 15,000 pies cuadrados, y finalmente abandonó el sótano de Wiley Sherwood después de una década de operación en el hogar. 20 años después de su fundación la empresa amplió su alcance al diseñar y construir túneles de investigación más grandes.

Esta compañía ofrece túneles de viento supersónicos de número de Mach variable en tamaños de sección de prueba de 1 pulgada x 1 pulgada a 12 pulgadas x 12 pulgadas, y puede suministrar sistemas completos de túnel de viento supersónico, incluidos compresores, secadores y tuberías. En la figura 37 se muestra un ejemplo de este tipo de dispositivos. Tambien presenta túneles de viento transónicos que alcanzan M=1.3 empleando una sección de prueba de porosidad variable, válvulas, estranguladores y flaps controlados por computadora. Hay disponibles sistemas con tamaños de sección de prueba de 8 x 8 pulgadas y 20 x 20 pulgadas.

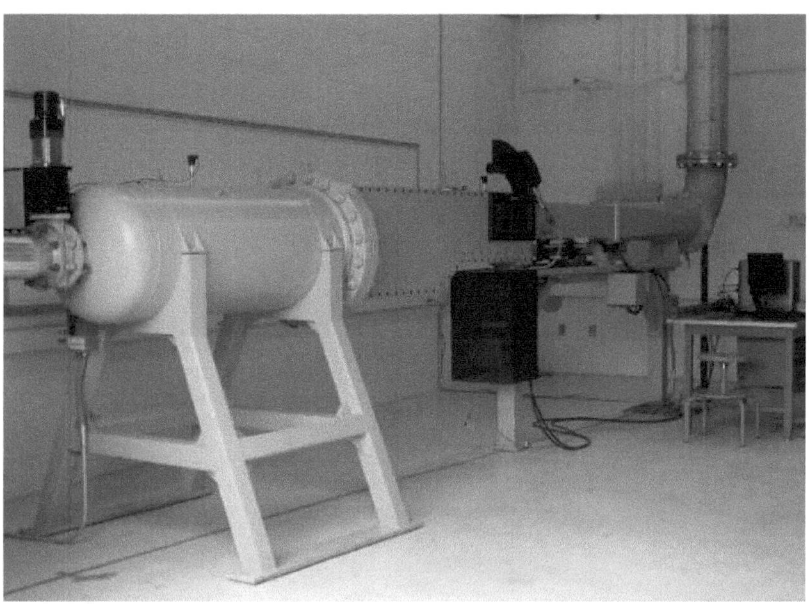

Figura 37.- Túnel de viento supersónico [11].

Figura 38.- Túneles de viento transónicos [11].

Finalmente, tambien ofertan el túnel de viento subsónico con las siguientes caracteristicas:

Rango de velocidad aerodinámica: 4.5 m/s a más de 65m/s.

Nivel de turbulencia: menor al 0.2%.

Número de Reynolds (por pie) – 1.4×10^6 /pie.

Figura 39.- Túnel de viento subsónico [11].

CAPÍTULO 2

2.1. Estado del arte de diseño de túneles de viento.

Para realizar experimentos en el túnel de viento que sean confiables debe obtenerse flujo estable en la sección de pruebas y para lograrlo se tienen varios elementos que permitirán reducir la turbulencia, algunas de ellos son las placas divisorias, mallas, difusores, honeycomb (panal) y zonas de contracción los cuales se denominaron estabilizadores de flujo. Una de las primeras investigaciones sobre estos dispositivos las realizaron Mehta y Bradshaw [12], a finales de los años 70 del siglo pasado, ellos estudiaron el honeycomb por que logra disminuir la componente transversal (o lateral) del flujo, para hacer esto, el fluido es obligado a pasar por delgados tubos que van suavizando los posibles remolinos que este pueda tener, se podría decir que los panales son vistos en pocas palabras como operadores que suprimen el nivel de la turbulencia entrante y generan, principalmente un flujo estable.

De las primeras investigaciones realizadas sobre honeycomb se puede destacar la realizada por los científicos Loehrke y Nagib [13], quienes realizaron sus experimentos en un túnel de viento impulsado con aire comprimido y utilizaron popotes para construir el panal. La sección de prueba estaba formada por segmentos de tubería de plexiglás y bridas mantenidas en compresión con tirantes, así la fricción entre las pajitas y la pared mantenía unido el panal. Los investigadores empaquetaban los popotes sin distorsionar su forma circular, y el número promedio de pajitas por centímetro lineal fue de 2.25. Cada popote tenía un diámetro exterior de 4.45mm y un grosor de pared de 0.15mm. En la figura 40 se muestra una vista en ángulo de un panal de 7.5cm de largo.

Figura 40.- Honeycomb de Loehrke y Nagib [13].

Loehrke y Nagib indicaron que una de las características importantes en un honeycomb es la solidez (σ_T) la cual se define como la relación entre el área sólida del panal contra el área total del dispositivo en el plano perpendicular a la dirección del flujo, que para este caso tuvo un valor de 0.2. Por otro lado para determinar el coeficiente de caída de presión ($K = 2\Delta P / \rho\, U_\infty^2$) y el número de Reynolds en la sección de pruebas se utilizó la velocidad de corriente libre U_∞ que fue de 4.6m/s. Las mediciones de velocidad se realizaron utilizando sondas de hilo caliente de tungsteno de 3.8µm de diámetro y 10mm de longitud.

En la investigación se analizaron 3 diferentes panales que poseían 2.5, 7.5 y 25cm de longitud, ya que Lumley y McMahon [14], indicaron que los panales en los que se tiene una gran longitud han logrado reducir con éxito la turbulencia a niveles aceptables. La dependencia del coeficiente de presión con respecto a longitud del honeycomb y la velocidad se aprecia en la figura 41.

Los perfiles de velocidad a la salida del panal de 7.5cm de longitud se muestran en la figura 42, se tienen 4 perfiles determinados a 0.25, 1.3, 3.8 y 5.1cm de distancia determinadas a partir del final del honeycomb a lo largo del eje axial. Puede observarse que el perfil de velocidad es estable y uniforme a una mayor distancia del panal.

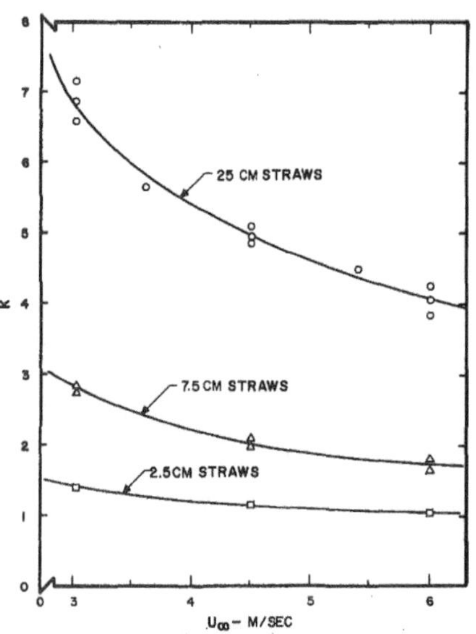

Figura 41.- Caída de presión dependiendo de la longitud del honeycomb [13].

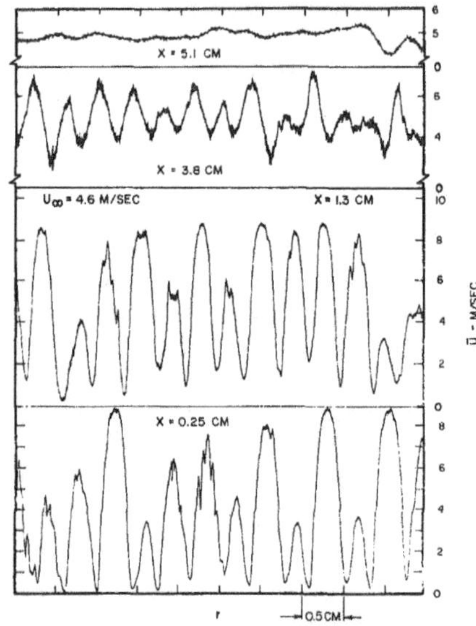

Figura 42.- Perfiles de velocidad a la salida de honeycomb de 7.5cm de longitud [13].

La relación entre la velocidad fluctuante (u') y la velocidad promedio a la salida (U∞) de los diferentes casos de longitud de honeycomb analizados se muestra en la figura 43. Además, se muestra el estudio realizado en una corriente de flujo libre (sin panal en el interior del túnel de viento). Puede apreciarse que la turbulencia tiende a un valor menor al 5% en todos los casos a excepción del estudio cuando no se cuenta con un panal, por lo que se evidencia la utilidad del uso del honeycomb en un túnel de viento para reducir la turbulencia en la zona de pruebas.

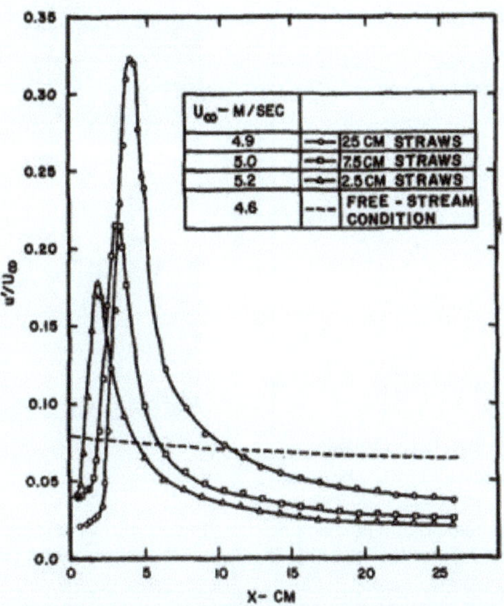

Figura 43.- Comparación de perfil axial de u'/U∞ para diferentes longitudes de panales [13].

Otro resultado interesante encontrado en esta investigación es el efecto que tiene en el comportamiento del flujo la combinación del honeycomb + mallas o cribas colocada al final del mismo. En la figura 44 se muestran los diferentes perfiles de velocidad determinados a la salida de los accesorios mencionados, y para el encontrado a una distancia de 3.8cm se aprecia un comportamiento uniforme y estable a diferencia del perfil caótico obtenido a la misma distancia, cuando solo se contaba con un panal en el túnel de viento.

Para demostrar esto en la figura 45 se presenta la visualización obtenida por Loehrke y Nagib utilizando la técnica de burbujas de hidrogeno en un túnel de agua que cuenta en su interior con honeycomb y/o malla. Las condiciones geométricas de los accesorios corresponden a las mismas establecidas en el túnel de viento y se aprecia que el flujo es uniforme y estable cuando se utiliza un panal + honeycomb (45b) para las mismas condiciones al contar solo con el honeycomb (45a) donde el flujo es caótico y desordenado.

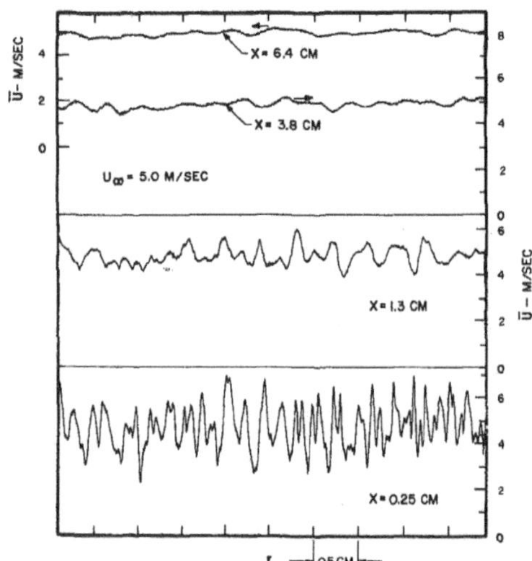

Figura 44.- Perfiles de velocidad a la salida de honeycomb + cribas de 7.5cm de longitud [13].

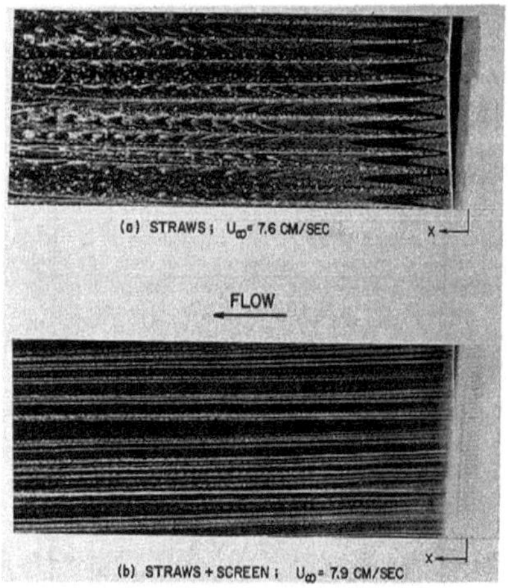

Figura 45.- Visualización de flujo a la salida de túnel de agua con honeycomb [13].

Una investigación más que trata el estudio de un honeycomb es la realizada por Scheiman [15], quien estudio el flujo en un modelo a escala del túnel de presión transónica (TPT) instalado en el Centro de investigación de Langley en U.S.A., que se muestra en la figura siguiente.

Figura 46.- Túnel de presión transónica de Langley [15].

Las mediciones en el TPT indicaron que las perturbaciones en el flujo fueron relativamente bajas cundo el túnel se encontraba sin dispositivos de reducción de turbulencia, sin embargo, el túnel requirió modificaciones para reducir la misma a niveles aún más bajos para permitir ensayos de flujo laminar en la sección de prueba. Se realizaron experimentos con combinaciones de mallas y honeycomb, se utilizaron seis tamaños de malla y cuatro celdas diferentes para el panel. Algunos datos de la investigación son:

*se utilizaron sondas de hilo caliente para medir la turbulencia axial y lateral.

*la velocidad de prueba impuesta varió entre 7.62 y 18.29 m/s.

*se consideró que el porcentaje de área abierta para la malla debe mantenerse al menos en 59%, tal como lo sugirió Schubauer [16].

*la relación entre la longitud de las celdas en forma de panal y el tamaño de las mismas fue entre 6 y 8, tal como lo indica Nagib [17].

Las dimensiones para las mallas y honeycomb elegidas se presentan en la siguiente tabla.

Tabla 2.- Características de malla y panal [15].

Screens

Symbol	Mesh (wires/2.54 cm)	Wire diam., mm (in.)	Open area, percent
4M	4	1.27 (0.050)	64
8M	8	.660 (.026)	63
20M	20	.229 (.009)	67
28M	28	.190 (.0075)	62
36M	36	.165 (.0065)	59
42M	42	.140 (.0055)	59

Honeycomb

Symbol	Cell size, cm (in.)	Cell length, cm (in.)	Material thickness, mm (in.)
1/16 HC	0.159 (1/16)	1.27 (0.50)	0.0254 (0.001)
1/8 HC	.318 (1/8)	1.90 (.75)	.0254 (.001)
1/4 HC'	.635 (1/4)	3.81 (1.50)	.0254 (.001)
1/4 HC	.635 (1/4)	3.81 (1.50)	.0762 (.003)
3/8 HC	.952 (3/8)	7.62 (3.00)	.0762 (.003)

En la figura 47 se muestran los resultados de las mediciones de velocidad promedio a diferentes distancias aguas debajo de la posición de las mallas y el honeycomb. En el inciso a) se muestran los resultados de los perfiles de velocidad obtenidos a lo largo del eje vertical (eje-y) y en b) se indican los obtenidos en el eje lateral (eje-z). Se aprecia una gran influencia de la capa limite cerca de las paredes, sin embargo, en la región central de la zona de pruebas se tiene flujo uniforme que permite realizar pruebas aerodinámicas en esta región. Un evento interesante reportado por el autor es que durante la realización de los experimentos la sección donde se coloca el honeycomb resultó dañada (damaged), afectando los resultados obtenidos. Se realizaron comparaciones en las mediciones de la intensidad de la turbulencia antes y después de los daños sufridos en túnel, y los resultados se presentan en la tabla 3. Se determinó que la turbulencia se incrementa 3 veces para los diferentes casos reportados cuando resulto dañada la sección de medición.

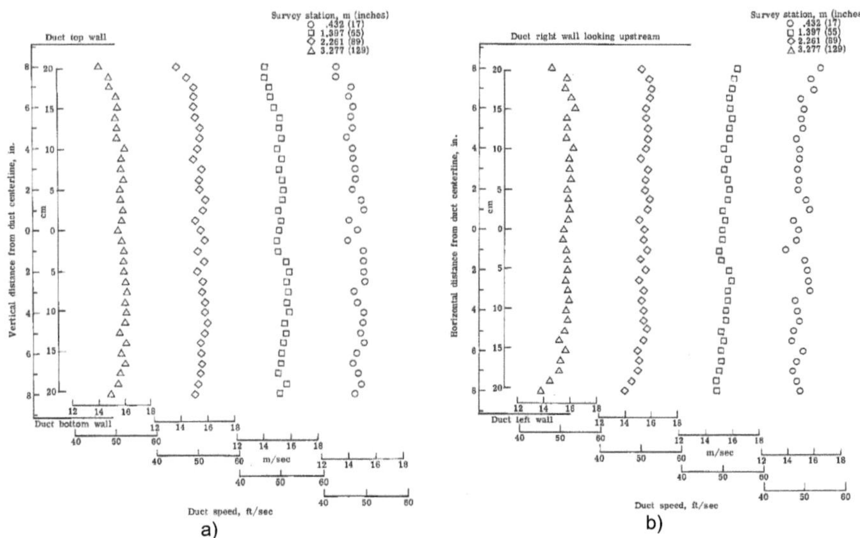

Figura 47.- Perfiles de velocidad promedio a) vertical y b) lateral [15].

Tabla 3.- Intensidad de turbulencia en zona de pruebas [15].

Run no.	U_{ref}, m/sec (ft/sec)	u'	v'	$\sqrt{\dfrac{(u')^2 + 2(v')^2}{3}}$	Remarks
363	15.6 (51.1)	0.56	1.67	1.40	
364	12.4 (40.8)	.50	1.51	1.27	
365	9.3 (30.5)	.45	1.35	1.13	
366	7.7 (25.4)	.44	1.32	1.11	
Av		.49	1.46		High-pass, 2-Hz, damaged honeycomb
367	15.6 (51.3)	0.49	0.36	0.41	
368	12.5 (40.9)	.47	.40	.42	
369	9.3 (30.6)	.41	.39	.40	
370	7.8 (25.5)	.36	.38	.37	
Av		.43	.38		High-pass, 2-Hz, undamaged honeycomb

Scheiman concluye que el uso de honeycomb como enderezador de flujo sumado a la aplicación de mallas como soporte se considera un enfoque excelente para la reducción de la turbulencia en la zona de pruebas de los túneles de viento y agua.

Otra investigación reciente que estudia el uso de honeycomb es la realizada por Arifuzzman y Mashud [18] quienes diseñaron un túnel de viento subsónico para la

Universidad de Ingeniería y Tecnología de Khulna en Bangladesh, el cual tiene una sección transversal de 0.9m por lado y una longitud de 1.35m, por la cual circula aire a 40m/s. El túnel de viento cuenta con cámara estabilizadora que contiene mallas y honeycomb para reducir las variaciones fluctuantes en la velocidad transversal. La razón principal para usar un panal es que, con una longitud de aproximadamente 10 diámetros de celda, es un dispositivo de enderezamiento de flujo muy efectivo, las especificaciones del mismo se muestran en la Tabla 4, el cual se construyó utilizando tubos de PVC de clase A en forma de panal como se observa en la figura 48.

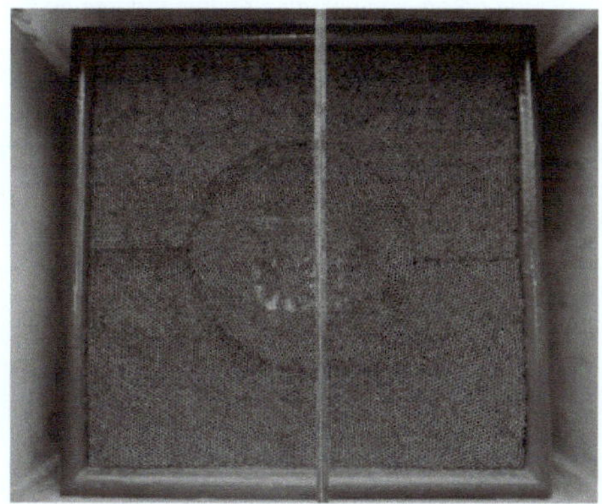

Figura 48.- Honeycomb instalado en la entrada del túnel de viento [18].

Tabla 4. Parámetros de Honeycomb [18].

Parámetros	Símbolo	Valor
Diámetro hidráulico	Dh	2.12 cm
Longitud de panal	Lh	12 cm
Numero de celdas	N	38000
Relación de diámetros	Lh/Dh	6
Porosidad de panal	βh	0.8

En la figura 49 se muestra la pérdida de presión generada por cada uno de los enderezadores de flujo instalados en el túnel de viento, puede apreciarse que el panal tiene poco efecto sobre la pérdida de presión ya que produce solo el 3% del total, mientras que las mallas (screen) generan el 18%.

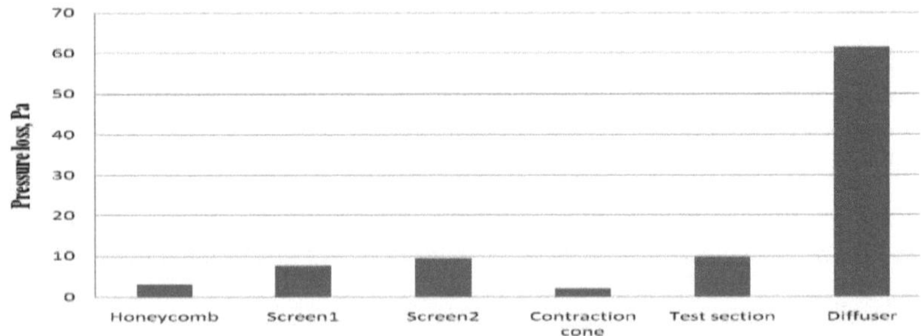

Figura 49.- Caída de presión debida a enderezadores de flujo [18].

Los resultados de la caracterización de la zona de pruebas muestran un perfil de velocidad uniforme en la parte central del túnel, tal como se aprecia en la figura 50 y se concluye que cerca del 76% de la sección puede ser utilizada para investigaciones aerodinámicas.

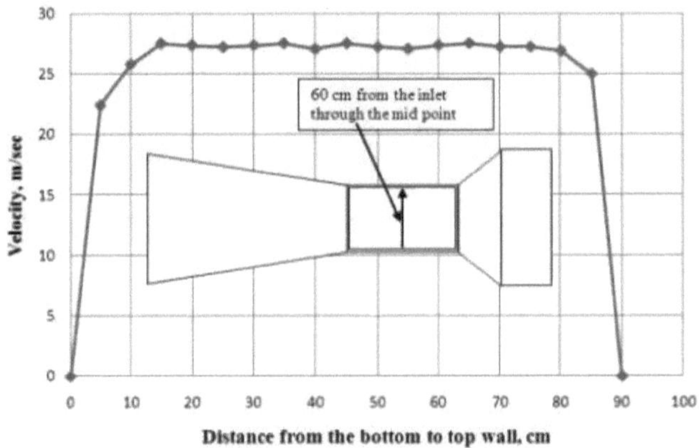

Figura 50. Perfil de velocidad en zona de pruebas [18].

Una investigacion mexicana es la desarrollada por el laboratorio de Ingeniería Térmica e Hidráulica Aplicada (LABINTHAP) [19] mostrado en la figura 51, ubicado en la Escuela Superior de Ingeniería Mecánica y Eléctrica, Unidad Zacatenco del Instituto Politécnico Nacional (IPN).

En esta investigación se colocó una sección denominada cámara estabilizadora de flujo constituida por un honeycomb y 5 mallas metálicas, tal como se muestra en la figura 51. La zona de pruebas es de sección transversal rectangular de 0.60m por 0.80m, de longitud variable hasta 4m.

Figura 51.- Túnel de viento del LABINTHAP-IPN [19].

El panal colocado como primer elemento en la entrada acampanada contiene más de 43000 celdas hexagonales, cada una con 0.0045 m de lado, 0.00025m de espesor y 0.011m de largo, lo que permite considerar un diámetro equivalente de 0.00105m.

Para la obtención de la velocidad se utilizó un anemómetro de hilo caliente que se colocó a diferentes posiciones a lo largo de la zona de pruebas, en la figura 52 se aprecian los diferentes planos de muestreo.

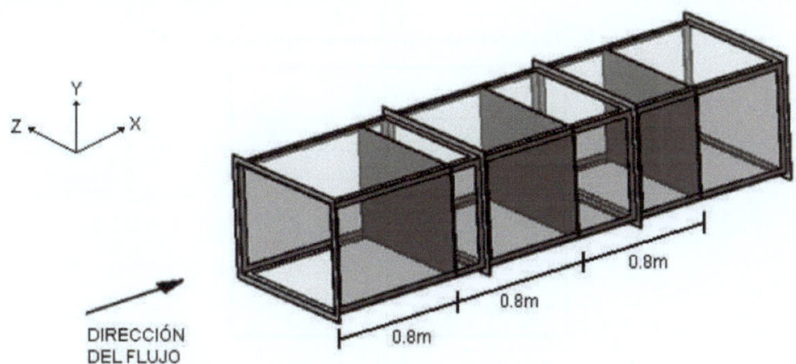

Figura 52.- Planos de medición de velocidad [19].

En la figura 53 se presenta el plano de intensidad de turbulencia obtenido a 1.6m de la entrada y una velocidad de 30m/s. En color azul se grafican los resultados antes de colocar los enderezadores de flujo en el túnel de viento y en color verde después de insertar las mallas y el honeycomb.

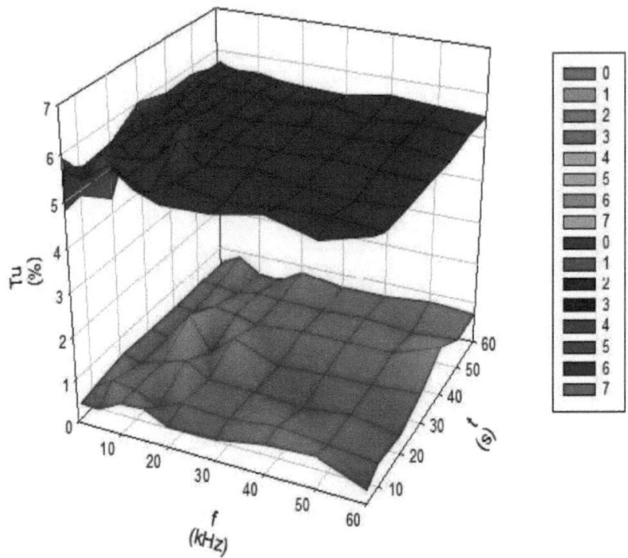

Figura 53.- Turbulencia antes y después de colocar enderezadores de flujo [19].

En la tabla 5 se muestran los resultados de la variación de la turbulencia antes y después de realizar la inserción de la cámara estabilizadora en el túnel de viento a diferentes velocidades.

Tabla 5.- Turbulencia a diferentes velocidades [19].

U (m/s)	Tu (%)	
	DESPUES	ANTES
5	0.679	3.2
10	0.699	3.2
15	0.639	4
20	0.717	3.4
25	0.679	3.5
30	0.727	3.5

Se concluye que la inserción de las mallas y el honeycomb en el túnel de viento lograron una reducción de la intensidad de la turbulencia de al menos 2.6%, lo que permite establecer una zona de pruebas accesible para realizar calibración de instrumentos de medición de velocidad.

2.2. Diseño de tunel de viento FCITEC-01.

El túnel de viento súbsonico FCITEC-01 consta de 6 piezas las cuales se describen a continuación:

a) Entrada acampanada: Para que se tenga una perturbación mínima en el flujo antes de llegar a la zona de pruebas se diseñó una entrada acampanada con base en las especificaciones de la ANSI/AMCA STANDARD 210-85 [20]. El diseño consiste en que el nozzle debe tener una sección transversal que consiste en porciones elípticas y cilíndricas. La porción cilíndrica se define como la garganta del nozzle. La sección transversal de la parte elíptica es un cuarto de una elipse, con el eje grande D y el eje pequeño 0.667 D. Se utilizará el 1.5% de la forma elíptica. Los arcos adyacentes, así como los últimos, se juntarán con la garganta del nozzle. La forma del nozzle se muestra en la siguiente figura.

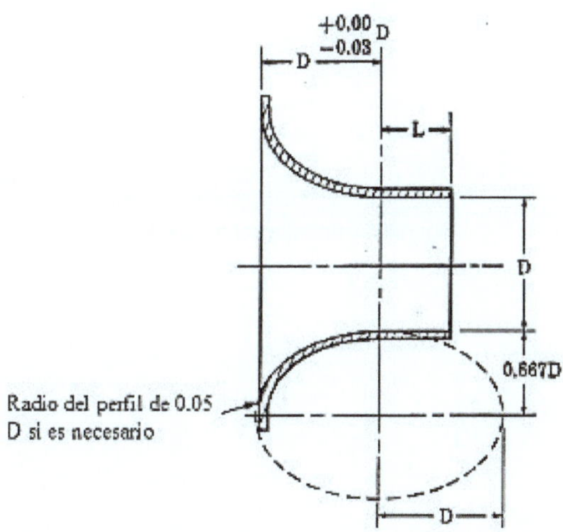

Figura 54.- Especificaciones de entrada ANSI/AMCA STANDARD 210-85 [20].

La dimensión L de la garganta de la boquilla debe ser 0.6D ± 0.005D (recomendado), o 0.5D ± 0.005D. La dimensión D de la garganta de la boquilla se medirá in situ con una precisión de 0.001D en la entrada de la garganta. En cada una de las cuatro ubicaciones 45° con una separación de ± 2°, el diámetro medido de la garganta debe ser hasta 0.002D mayor pero no menor que el diámetro medio en la salida de la boquilla.

En las siguientes imágenes se muestra el diseño de la entrada acampanada

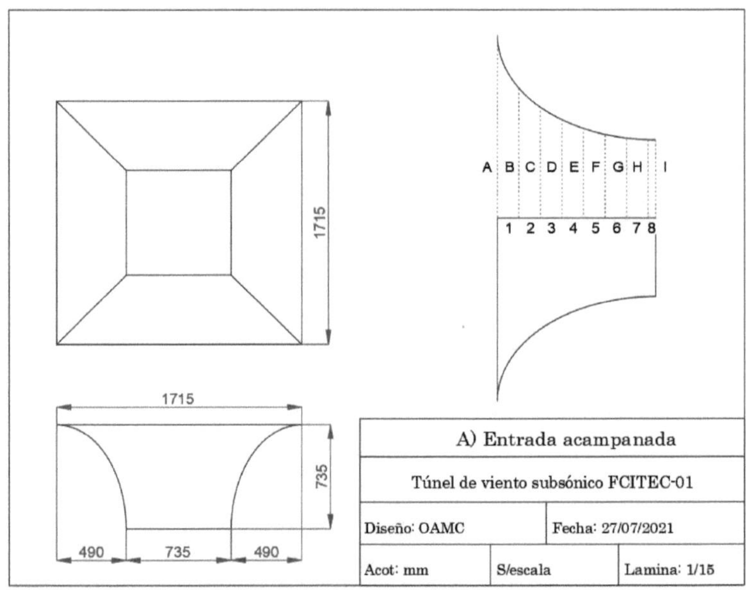

Figura 55.- Entrada acampanada.

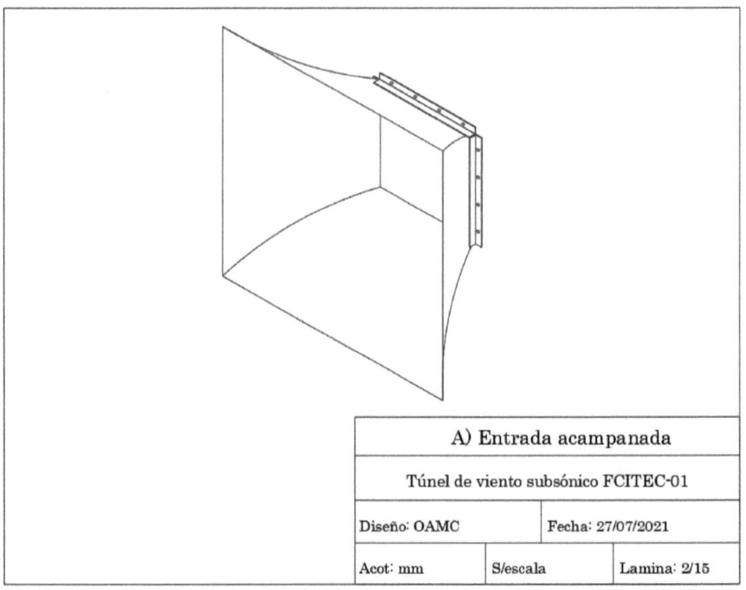

Figura 56.- Isométrico de entrada acampanada.

Tabla 6.- Coordenadas de curvatura de entada acampanada (acot. en mm)

A	857.5
B	610.7
C	521.5
D	462.5
E	421.4
F	393.2
G	375.8
H	358.1
I	367.5

1	100
2	100
3	100
4	100
5	100
6	100
7	100
8	35

b) Cámara estabilizadora: esta pieza almacena las mallas que permiten estabilidad en el flujo antes de la sección de contracción [21]. Las características de esta malla es el coeficiente de caída de presión (K) que depende de la porosidad β y el número de Reynolds. La porosidad es función del diámetro del alambre (dw) y la abertura (M) de la malla tal como se especifica en la ecuación siguiente:

$$\beta = 1 - \frac{dw}{M}$$

(1

Bradshaw y Pankhurst [22] sugieren el empleo de mallas con β>0.57, debido a que un valor menor produce inestabilidades del flujo que se conservan hasta la sección de pruebas. Metha y Bradshaw, recomiendan instalar cuatro mallas separadas por una distancia de 500dw. La distancia entre la última malla y la contracción debe ser de 0.2 diámetros de la cámara estabilizadora, el diseño de la misma se muestra en las figuras 57 y 58. En la tabla siguiente se muestran las especificaciones de las cribas instaladas en la cámara.

Tabla 7. Calibre de criba.

Clave	Medida Comercial	Claro Abertura (mm)	Calibre Alambre	Diámetro Alambre (mm)	Altura (m)	Largo (m)	Peso aprox rollos(kg)
37387	2x2	11.7	20.25	0.93			25.35
37388	3x3	7.7	23.25	0.70			23.35
37389	4x4	5.7	25.00	0.57			23.15
37390	5x5	4.5	25.00	0.50	0.91	30	22.75
37391	6x6	3.7	29	0.44			22.1
37392	8x8	2.7	29	0.38			24.65
Cumple con la norma de calidad ASTM A-740							

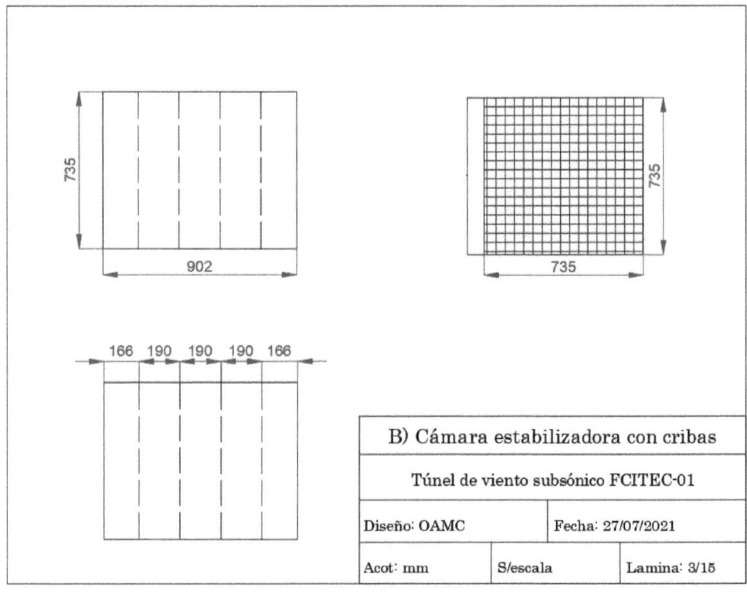

Figura 57.- Cámara estabilizadora con cribas.

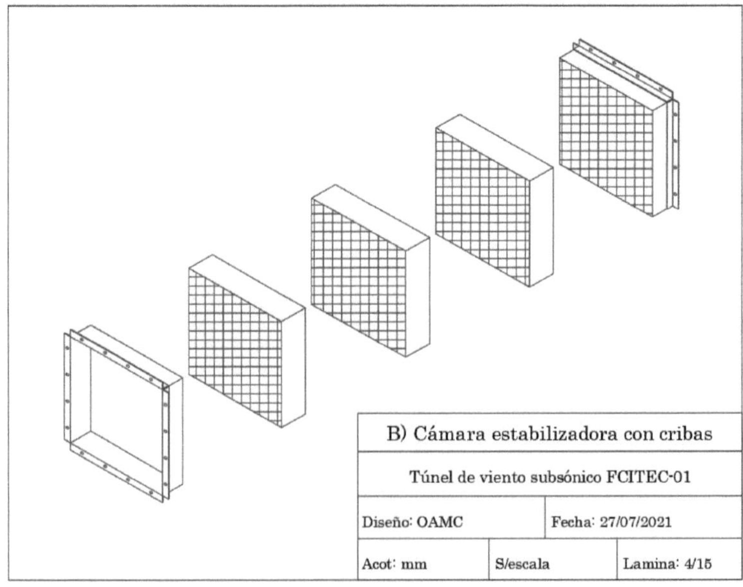

Figura 58.- Isométrico de cámara estabilizadora con cribas.

c) Sección de contracción: Este elemento une las zonas donde se presentan las velocidades más bajas (sección estabilizadora) y las velocidades más altas (sección de pruebas) [21]. La contracción tiene como finalidad:

Incrementar la velocidad promedio del flujo de aire, lo que permite colocar las mallas y el panel en una región de velocidad baja, reduciendo las pérdidas de presión, las variaciones de la velocidad promedio y las fluctuaciones de velocidad. El diseño de una contracción se centra en la producción de una corriente uniforme y constante en su salida, y requiere evitar la separación del flujo. Dos criterios más deseables incluyen el espesor mínimo de la capa límite de salida y la longitud mínima de contracción.

Metha y Bradshaw, proponen que la relación de áreas de la contracción debe estar entre 6 y 9, para obtener un buen comportamiento del flujo en la sección de pruebas.

El método empleado para diseñar el cono de contracción es el sugerido por Morel [23], considerando en su análisis un flujo incompresible y sin viscosidad. En este método, el contorno de la contracción se obtiene mediante dos curvas cúbicas con sus vértices en ambos lados de la contracción unidas en un punto Xm. Estas ecuaciones son:

$$
y,z = \begin{cases} (H_1 - H_2)\left[1 - \dfrac{1}{Xm^2}\left(\dfrac{x}{L}\right)^3\right] + H_2 \\[2em] \dfrac{(H_1 - H_2)}{(1 - Xm)^2}\left(1 - \dfrac{x}{L}\right)^3 + H_2 \end{cases}
\tag{2}
$$

En donde: H1 y H2 son las alturas de entrada y salida de la contracción, Xm es el punto de unión de las curvas, y y z es la altura de la contracción a una distancia x desde la entrada de la contracción y L es la longitud del cono. En las figuras 59 y 60 se aprecia el diseño de la sección de contracción.

d) Zona de pruebas: se tienen dos zonas, una para caracterizar la misma que se muestra en las figuras 61 y 62, y otra para desarrollar visualización de flujo mediante diferentes técnicas, mostrada en las figuras 63 y 64. En la primera se tienen 5 soportes para medir los pérfiles de velocidad a lo largo del eje "y", ademas otros 5 para determinar los correspondientes al eje "z". Para la visualización de flujo se utilizara la técnica de humo y se tiene un soporte donde se introduce la sonda de generación del mismo.

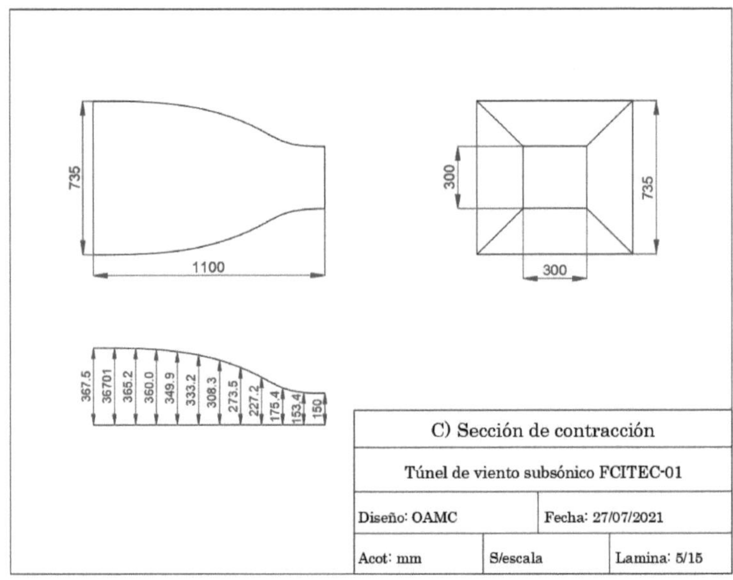

Figura 59.- Sección de contracción.

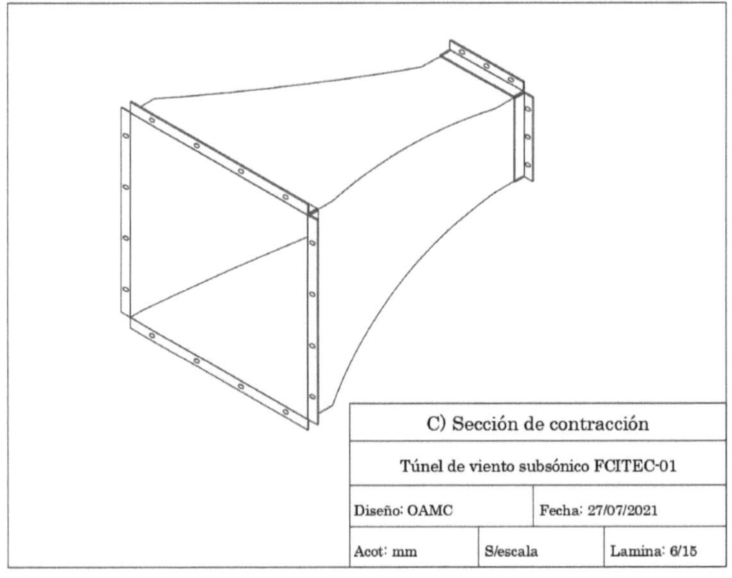

Figura 60.- Isométrico de sección de contracción.

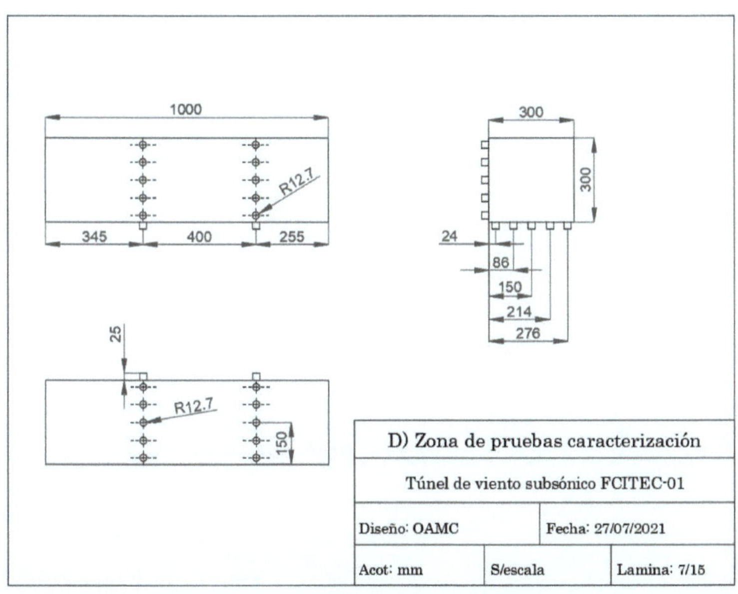

Figura 61.- Zona de pruebas para caracterización.

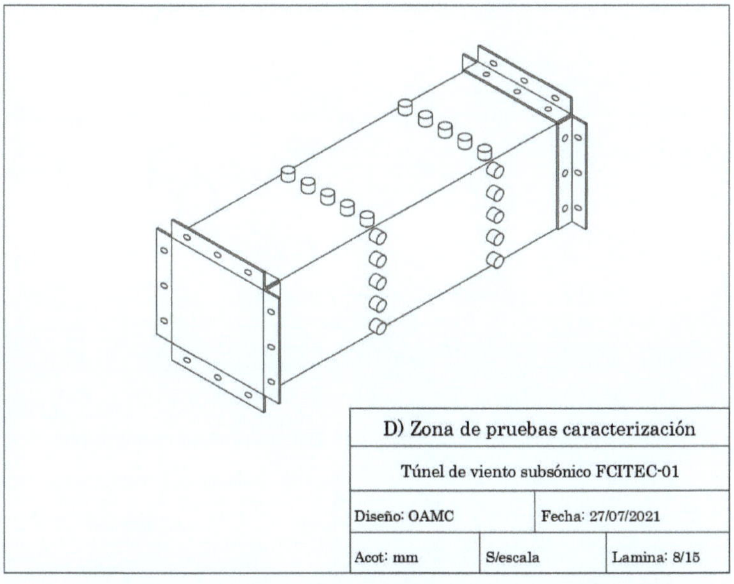

Figura 62.- Isométrico de sección de pruebas para caracterización.

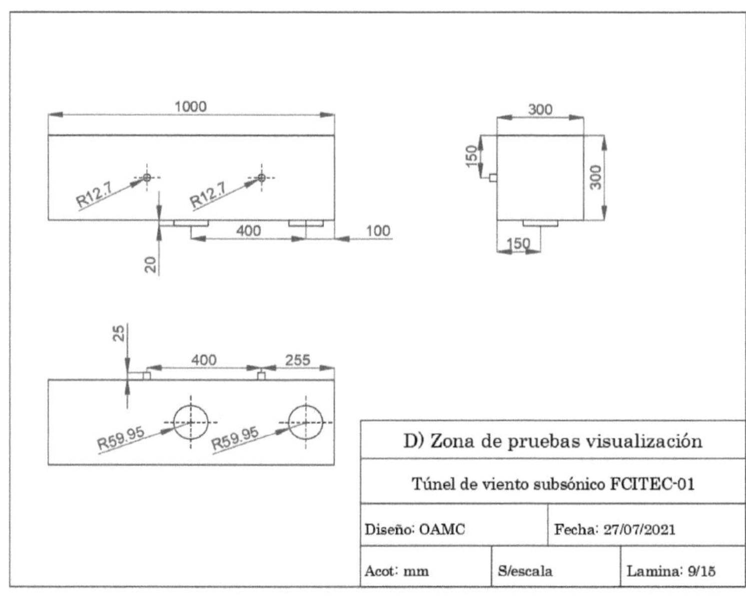

Figura 63.- Zona de pruebas para visualización de flujo.

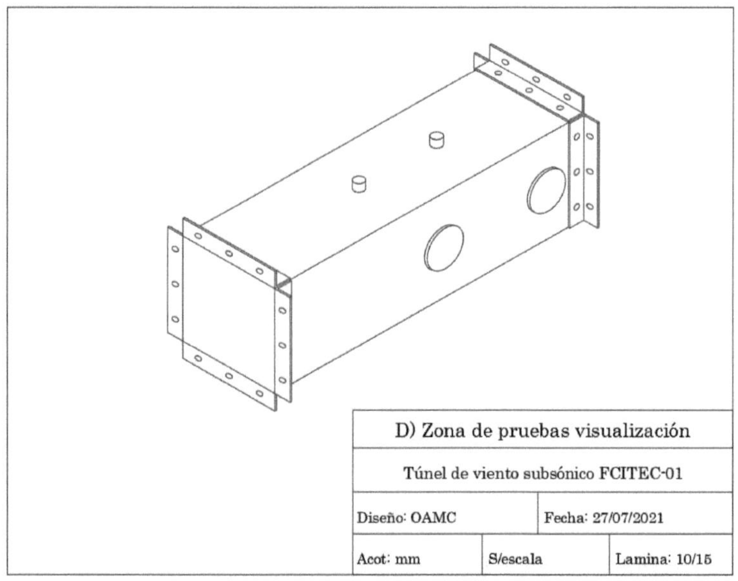

Figura 64.- Isométrico de sección de pruebas para visualización.

e) Sección de transición: Se utiliza para conectar el túnel con el ventilador y disminuir las pérdidas de energía, su diseño se realiza bajo la indicación de ANSI/AMCA STANDARD 210-85, mostrada en la figura siguiente:

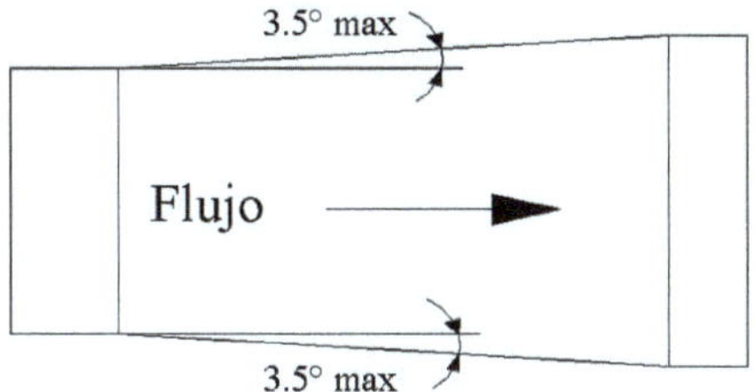

Figura 65.- Especificaciones para sección de transición ANSI/AMCA STANDARD 210-85 [21].

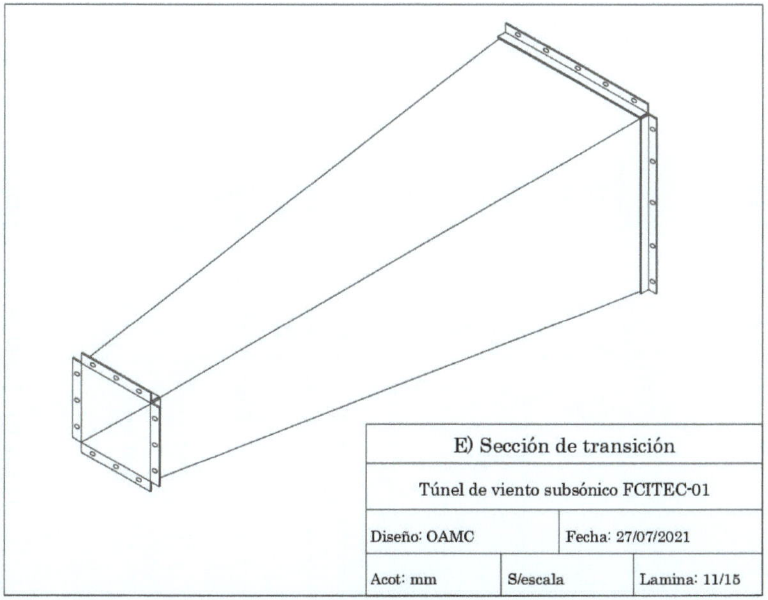

E) Sección de transición		
Túnel de viento subsónico FCITEC-01		
Diseño: OAMC	Fecha: 27/07/2021	
Acot: mm	S/escala	Lamina: 11/15

Figura 66.- Isométrico de sección de transición.

f) Ventilador: es el dispositivo que se utiliza para movilizar el flujo de aire a lo largo del túnel de viento. Las especificaciones del mismo son las siguientes:

*Gasto volumétrico: en un rango de 190 a 7600 pie³/min.

*Pieza de contracción: cuadrado de 0.984pie * 0.984pie.

*Corriente suministrada: 220-444v/trifásico/60HZ.

*Temperatura: Rango de 0 a 50°C.

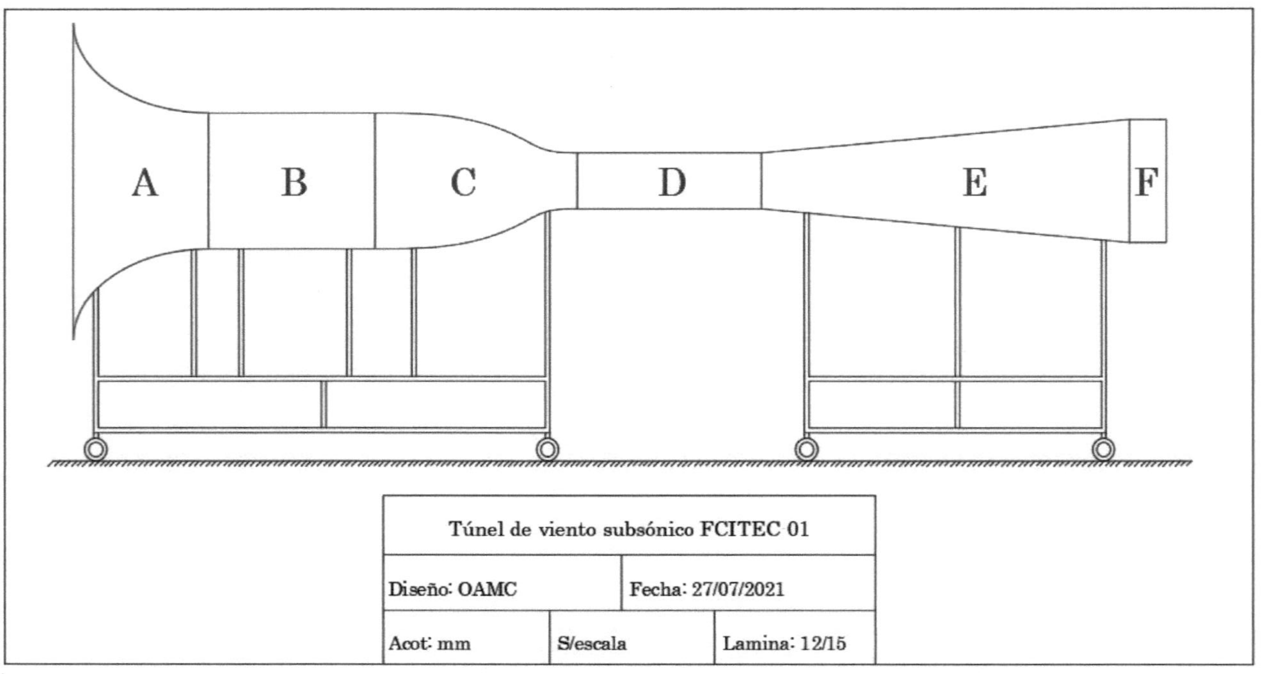

Figura 67: Túnel de viento subsónico FCITEC-01.

TÚNEL DE
VIENTO
SUBSÓNICO
FCITEC-01
CAPÍTULO 3

3.1. Construcción de túnel de viento subsónico.

La secciones armadas y soldadas de la entrada acampanada, cámara estabilizadora, cribas, sección de contracción y base se muestran de las figura 68 a la 71. Las piezas del túnel de viento fueron construidas en lámina de acero de calibre 11 cuyas especificaciones se presentan en la tabla 8. Las piezas se pintaron en color Verde mediante la técnica de pintura de polvo horneada para la cual se desengrasó la pieza y se aplicó una capa fosfato mediante inmersión, posteriormente se aplica la pintura en polvo y se adhiere al metal electroestáticamente ya que la pieza se conecta a tierra y conductoras. Finalmente se hornea a 180 grados centígrados para que la pintura polimerice y adquiera el acabado final. La base del túnel está construida con PTR de 1 pulgada de espesor colocada sobre ruedas para permitir el trasporte del mismos, además cuenta con bases para estabilizar el túnel y nivelarlo en caso necesario. En la figura 72 se muestra la primeras secciones del túnel recien pintadas y listas al embalaje.

Figura 68.- Entrada acampanada y cámara estabilizadora.

Figura 69.- Marco con cribas.

Figura 70.- Sección de contracción.

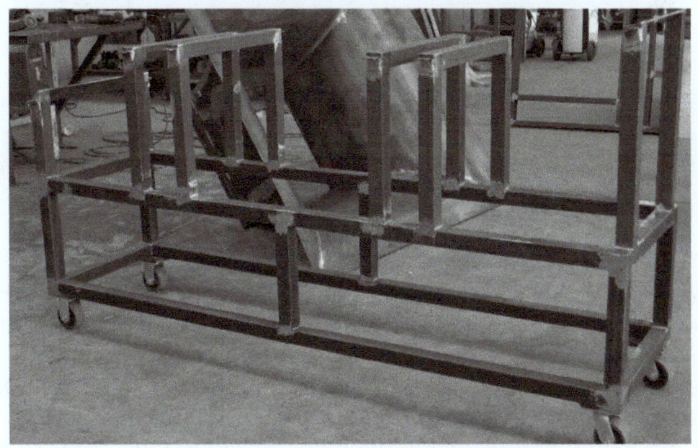

Figura 71.- Soporte de túnel de viento.

Tabla 8.- Especificaciones de lámina.

Calibre No.	Espesor (Pulgadas)	Espesor (Mm)	Peso (Lb/ Pie2)	Peso (Kg/M2)
1/2"	0.5000	12.70	20.4175	99.695
7/16"	0.4375	11.11	17.8613	87.214
3/8"	0.3750	9.53	15.3212	74.811
5/16"	0.3125	7.94	12.7650	62.329
1/4"	0.2500	6.35	10.2088	49.848
11	0.1196	3.04	4.8873	23.864

Figura 72.- Túnel de viento subsónico recién pintado.

Las zonas de pruebas se construyeron con acrílico de espesor de 9mm y cada una de las secciones se unieron mediante un pegamento especial, posteriormente se colocaron soportes construidos con ángulo de aluminio de 1.5 pulgadas para asegurarlas al túnel. En la figura 73 se muestra el proceso de barrenado donde se colocan los soportes para ajustar la sonda de medición de presión en la zona de pruebas utilizada para caracterización del túnel de viento mostrada en la figura 74.

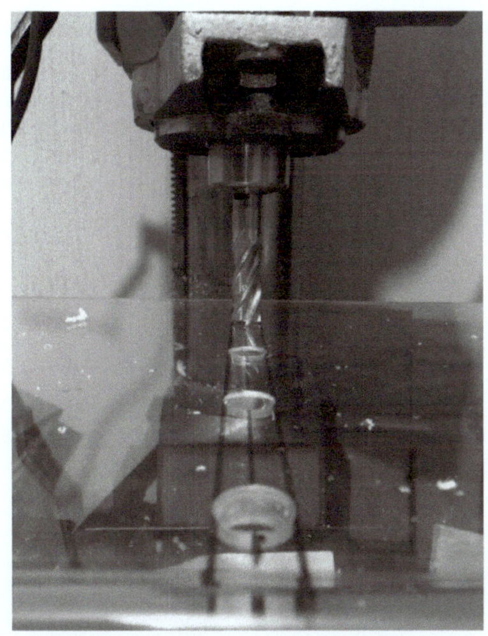

Figura 73.- Barrenado de zona de pruebas.

Figura 74.- Zona de caracterización para el FCITEC-01.

3.2. Resultados de caracterización de zona de pruebas.

Para calcular la velocidad promedio en la zona de pruebas se determina la presión dinámica en diferentes puntos distribuidos en la sección trasversal (0.3m x 0.3m), la cantidad de puntos de medición se determinan basados en lo indicado por Wang [24], en este caso se utilizan 5 puntos por cada eje como lo sugiere el autor, completando un total de 25 puntos distribuidos a lo largo de la sección transversal, tal como se indica en la figura 75 y tabla 9.

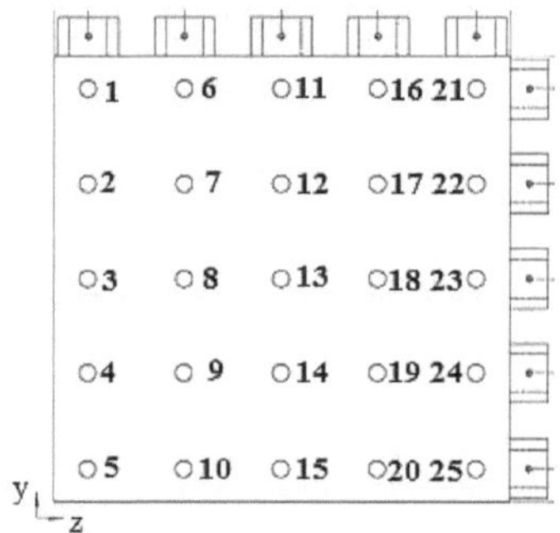

Figura 75.- Distribución de puntos de medición en la sección transversal.

Tabla 9. Distribución de puntos de medición para obtener U_{med}.

Punto	Coordenadas (z,y)	Punto	Coordenadas (z,y)	Punto	Coordenadas (z,y)
1	(0.024,0.276)	9	(0.086,0.086)	17	(0.214,0.214)
2	(0.024,0.214)	10	(0.086,0.024)	18	(0.214,0.150)
3	(0.024,0.150)	11	(0.150,0.276)	19	(0.214,0.086)
4	(0.024,0.086)	12	(0.150,0.214)	20	(0.214,0.024)
5	(0.024,0.024)	13	(0.150,0.150)	21	(0.276,0.276)
6	(0.086,0.276)	14	(0.150,0.086)	22	(0.276,0.214)
7	(0.086,0.214)	15	(0.150,0.024)	23	(0.276,0.150)
8	(0.086,0.150)	16	(0.214,0.276)	24	(0.276,0.086)
Unidades en metros.				25	(0.276,0.024)

La velocidad en cada punto (u_i) se determina con la ecuación de Bernoulli [25]:

$$u_i = \sqrt{\frac{2\Delta P}{\rho}}$$

(3

Dónde: u_i=velocidad puntual (m/s), ΔP=presión dinámica (Pa) y ρ=densidad del aire (kg/m³).

La velocidad promedio se obtiene utilizando la ecuación de Figliola [26]:

$$u_{media} = \frac{1}{N} \sum_{i=1}^{N} u_i$$

(4

Dónde: u_{media}=velocidad promedio (m/s) y N=cantidad total de la muestra.

La velocidad media se usa para calcular la desviación estándar (S_x) de la muestra:

$$S_x = \sqrt{\frac{1}{N-1} \sum_{i=1}^{N} \left(u_i - u_{media} \right)^2}$$

(5

El valor verdadero u* representa el valor más probable de la velocidad y se expresa como:

$$u^* = u_{media} \pm S_x \ (P\%)$$

(6

La probabilidad asignada (P%) es del 95.45% como lo indica Figliola.

El cálculo de la densidad del aire (ρ) en el interior del túnel de viento se realiza utilizando la ecuación de gas ideal como lo indican Becerra y Guardado [27], la cual es:

$$\rho = \frac{PMa}{ZRT} \left[1 - X_v \left(1 - \frac{Mv}{Ma} \right) \right]$$

(7

Dónde: Ma=masa molar de aire húmedo (kg/mol), Mv=masa molar de agua (kg/mol), P=presión absoluta (Pa), R=constante de gas (8.314510 J / K * mol), T=temperatura absoluta (K), Xv=fracción molar de vapor de agua y Z=factor de compresibilidad. La incertidumbre en la medición de la densidad se determina utilizando la metodología de Becerra y Guardado.

Por otro lado, para analizar la intensidad de la turbulencia en el túnel de viento se retoma lo indicado por White [28], quien menciona que un flujo turbulento se caracteriza por las fluctuaciones de las tres componentes de la velocidad, así como en la presión y temperatura; por lo tanto, para el análisis de un flujo turbulento se separan las fluctuaciones de la propiedad de su valor promedio en el tiempo. Por lo tanto, la turbulencia (TU) en la componente a lo largo de la dirección del flujo se define como:

$$TU = \frac{u_{rms}}{u_{media}}$$

(8

Donde la velocidad promedio temporal se define con la ecuación:

$$u_{rms} = \sqrt{\frac{1}{N-1}\sum_{1}^{N}\left[u_i - u_{media}\right]^2}$$

(9

Finalmente, para obtener los números adimensionales que caracterizan el flujo se tiene:

*Para el número de Mach se utiliza la ecuación indica por White:

$$Ma = \frac{u_{media}}{C}$$

(10

La velocidad del sonido (C) en el aire a la temperatura a la cual se realiza el experimento se determina por la ecuación:

$$C = \sqrt{kRT}$$

(11

Dónde: k=relación de calores específicos (1.4).

*El régimen de flujo se determina utilizando la ecuación de Reynolds, indicada por White, la cual es:

$$Re = \frac{\rho 4R u_{media}}{\mu}$$

(12

4R = radio hidráulico (m).

μ = viscosidad dinámica del aire (Pa-s).

Para obtener los perfiles de velocidad en la zona de pruebas se aprovechan los puntos empleados en la medición de la velocidad promedio, por lo que se tienen 5 perfiles en el eje "z" y 5 en el eje "y", tal como se indica en la figura 76. En cada uno de los ejes se realizan mediciones de velocidad en 22 puntos distribuidos como se indica en la tabla 10.

Las condiciones atmosféricas son monitoreadas con la estación meteorológica Vantage pro2 [29], en este instrumento la presión atmosférica tiene una resolución de 0.1mb y precisión nominal de 1 mb, para la temperatura una resolución de 0.1°C y precisión nominal de 0.5°C, y para la humedad resolución de 1% y precisión nominal de 5%. Para medir la velocidad (u_i) en el interior del túnel de viento se utiliza un tubo pitot colocado en los puntos indicados a continuación para los ejes "y" y "z", pero en la parte central de la zona de pruebas a lo largo del eje axial (x=0.5m). Las mediciones se obtienen con un anemómetro digital de la marca Extech [30] con una resolución de 1Pa, y una precisión de ±0.3% de la escala total.

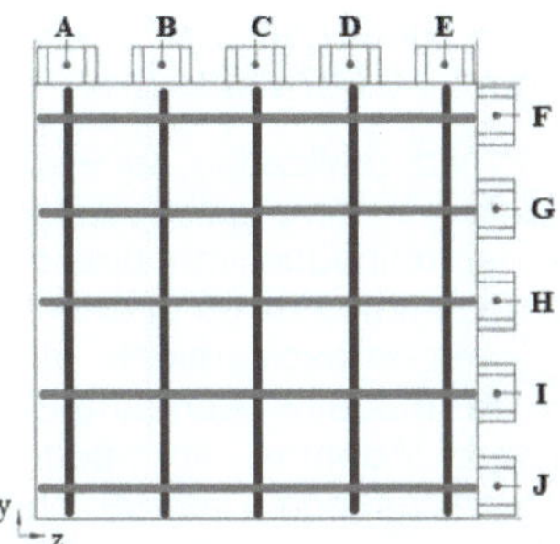

Figura 76.- Distribución de perfiles de velocidad en la sección transversal.

Tabla 10.- Distribución de puntos de medición para ejes A-J.

Punto	Distancia		Punto	Distancia	
0	0	m	12	0.157	m
1	0.017	m	13	0.170	m
2	0.030	m	14	0.183	m
3	0.043	m	15	0.195	m
4	0.056	m	16	0.208	m
5	0.068	m	17	0.221	m
6	0.081	m	18	0.233	m
7	0.094	m	19	0.246	m
8	0.106	m	20	0.259	m
9	0.119	m	21	0.271	m
10	0.132	m	22	0.284	m
11	0.144	m	23	0.300	m

El valor de velocidad se calculó para 3 valores de frecuencia del ventilador y en la tabla siguiente se muestran los resultados obtenidos:

Tabla 11.- Caracterización de túnel de viento de FITEC.

Potencia de ventilador	Velocidad					Reynolds	Mach
50	11.98	m/s	±	0.93	m/s	234053	0.03
75	17.61	m/s	±	1.12	m/s	344204	0.05
100	22.67	m/s	±	1.74	m/s	442981	0.07

El valor determinado para la densidad del aire, utilizando la metodología mencionada es: 1.1790266 kg/m³ ± 0.0074348 kg/m³.

Con las mediciones de velocidad realizadas se encuentra que en la zona de pruebas se tiene flujo turbulento e incompresible, debido a que el Re > 4000 y el Ma < 0.3. Las velocidades determinadas van desde los 43 hasta los 80km/h, valores que permiten realizar experimentos en el área de la ingeniería aeronáutica y aeroespacial al utilizar las leyes de escalamiento para determinar el coeficiente de arrastre y sustentación de modelos aerodinámicos como perfiles alares, aviones, cohetes, satélites, etc. Además, se pueden desarrollar estudios de visualización de flujo con técnicas como la de humo, aceite, arena e hilo. Finalmente, también es posible analizar la transferencia de calor para sistemas de enfriamiento clásicos como aletas y tubos de calor. Estos estudios son realizados por estudiantes de licenciatura de la carrera de Aeroespacial.

Los perfiles de velocidad obtenidos a lo largo del eje "y" se presentan en las figuras 4.1 a la 4.3, y para los perfiles obtenidos en el eje "z" se muestran de las figuras 4.4 a la 4.6. Los resultados se ordenan de acuerdo al incremento de velocidad analizado.

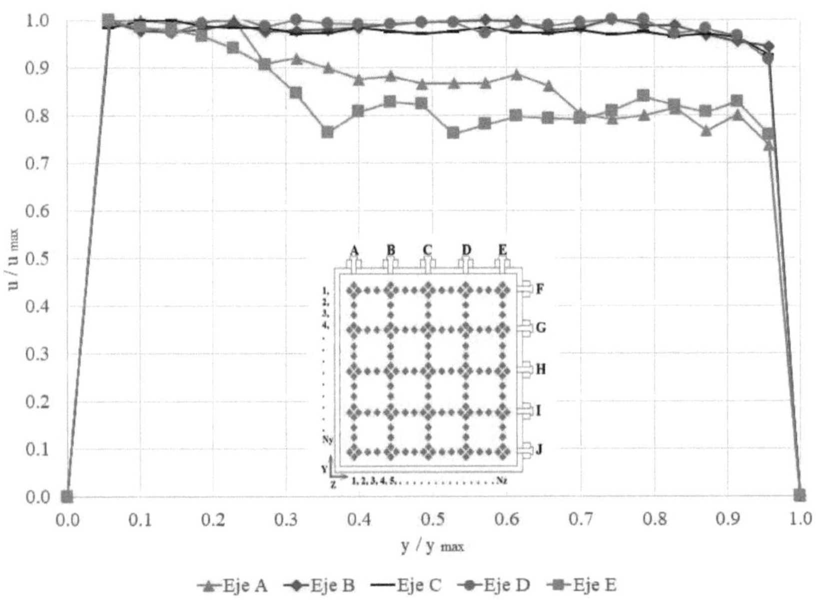

Figura 77.- Perfiles de velocidad a lo largo del eje "y" con velocidad de 11.98 m/s.

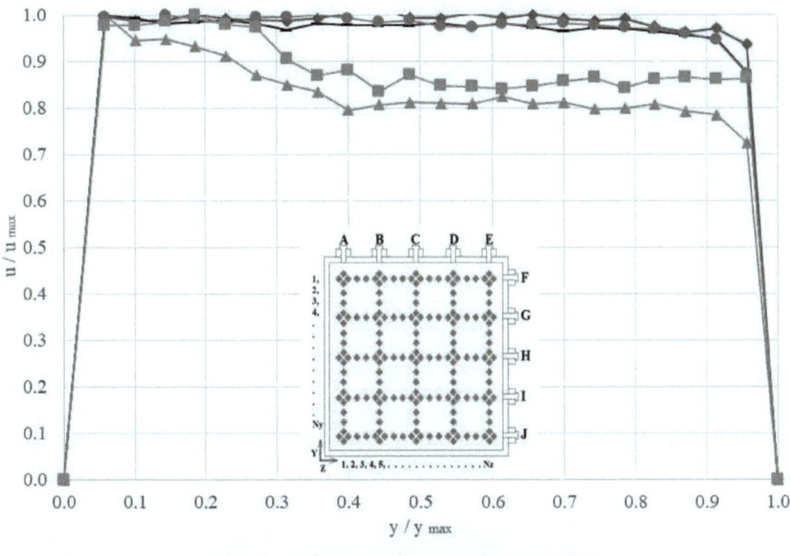

Figura 78.- Perfiles de velocidad a lo largo del eje "y" con velocidad de 17.61 m/s.

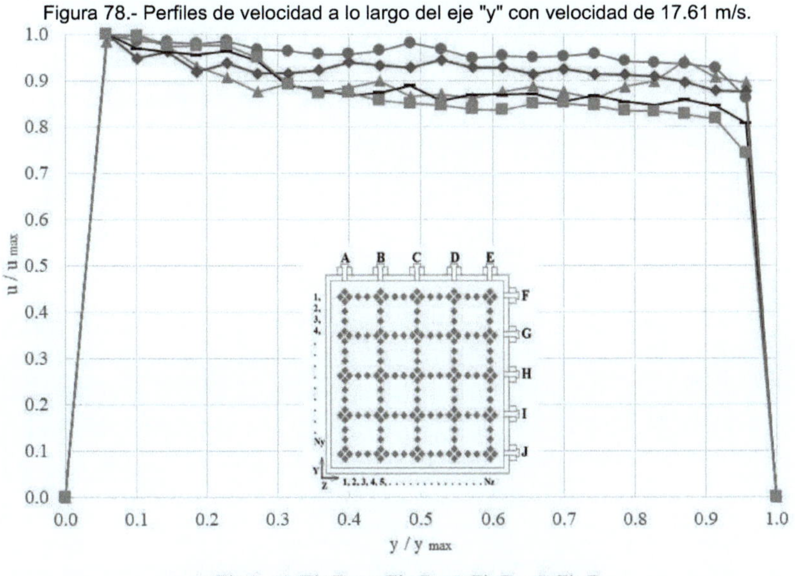

Figura 79.- Perfiles de velocidad a lo largo del eje "y" con velocidad de 22.67 m/s.

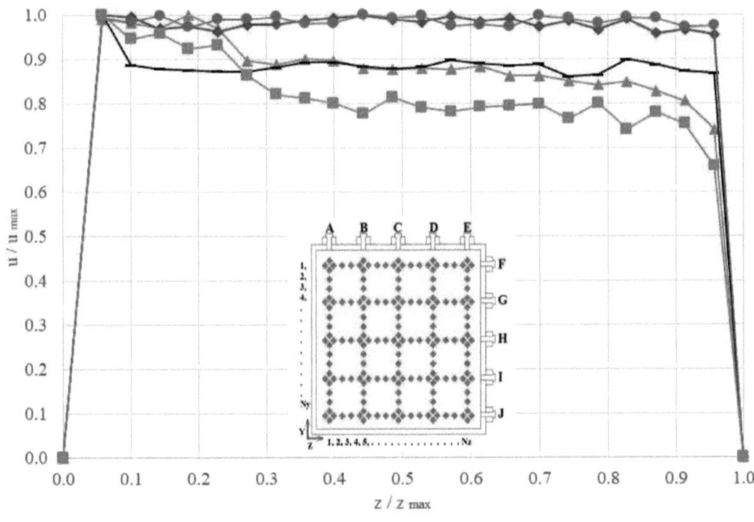

Figura 80.- Perfiles de velocidad a lo largo del eje "z" con velocidad de 11.98 m/s.

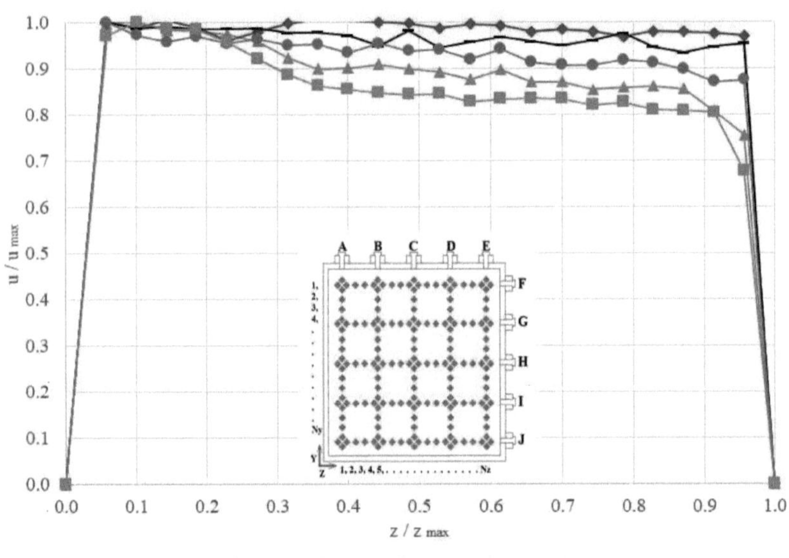

Figura 81.- Perfiles de velocidad a lo largo del eje "z" con velocidad de 17.61 m/s.

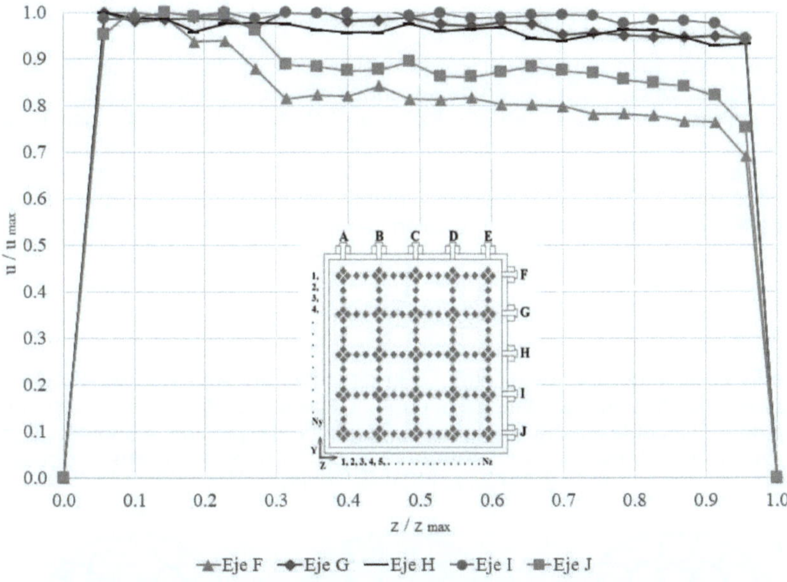

Figura 82.- Perfiles de velocidad a lo largo del eje "z" con velocidad de 22.67 m/s.

Los perfiles de velocidad presentan una forma correspondiente a un perfil turbulento para todos los casos, tal como se indicó anteriormente, sin embargo, los perfiles no son simétricos, y se observa que en la parte superior derecha en todos los casos existe una variación de velocidad de hasta un 20%. Esto se observa principalmente en los perfiles medidos en los ejes A, E, F y J, los cuales se localizan muy cerca de las paredes donde se tiene el crecimiento de la capa limite, la cual se ve afectada por las mallas colocadas en la cámara estabilizadora, ya que éstas se fijaron por la parte interior del túnel generando una obstrucción en lugar de una estabilización del flujo, además que en esta sección en específico ya se tiene un deterioro en las mismas, lo que sugiere que deberán sustituirse inmediatamente, fijándolas ahora por la parte exterior del túnel de viento. Sin embargo, aun con estas condiciones cercanas a la pared, los perfiles en la zona central presentan un comportamiento uniforme en la mayoría de los casos lo que permite realizar experimentos con modelos aerodinámicos, pues el perfil casi es simétrico y las diferencias de velocidad máximas son de apenas el 6% para los casos de los ejes C y H. Por otro lado, el incremento de la velocidad provoca que los perfiles en la parte central del túnel de viento sean más estables. La intensidad de turbulencia calculada es del 4.76%, para los perfiles de velocidad en el centro de la zona de pruebas.

63

3.3. Rediseño de túnel de viento subsónico.

En base a los resultados obtenidos se realiza una modificación en la cámara estabilizadora, ya que la inserción de las cribas no fue la adecuada, por lo que se decide retirarlas y colocar en su lugar un honeycomb (panal), por lo que atendiendo a lo que sugiere Pope et. al. [21], los coeficientes de pérdida de presión para geometrías de panal circulares, cuadradas y hexagonales presentan resultados de 0.3, 0.22 y 0.2, respectivamente, tal como se muestra en la figura 83, y para ello se considera que la relación de diámetros debe ser:

$$\frac{L_h}{D_h} \geq 6 \tag{13}$$

Donde L_h es el largo del honeycomb en la dirección del flujo y D_h es el diámetro hidráulico de cada celda que integra el panal. Los valores obtenidos indican que el honeycomb de celda hexagonal genera pérdidas de presión menores, lo que coincide con lo establecido por Peinado [31]; por lo que se sugiere implementar una sección de forma hexagonal en el túnel de viento.

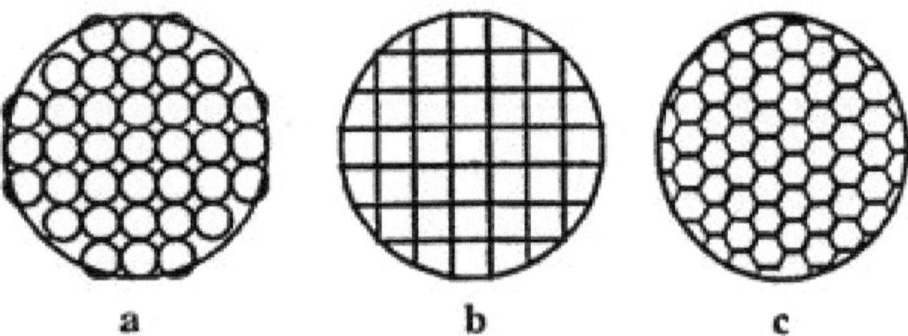

Figura 83.- Tipos de honeycomb [24].

Pope también indica que otro factor importante a considerar en el diseño del honeycomb es la porosidad (βh), la cual se define como:

$$\beta_h = \frac{A_{flow}}{A_{total}} \tag{14}$$

Donde A_{flow} es el área de la sección transversal del flujo real y A_{total} es el área de la sección transversal total, se debe verificar que se cumpla el criterio $\beta h \geq 0.8$.

Por otro lado, Metha y Bradshaw sugieren que para un beneficio óptimo se debe contar con al menos 25000 celdas en la cámara estabilizadora, esta afirmación la respalda Scheiman de su investigación experimental.

El honeycomb al cual se tiene acceso para instalar en el FCITEC-01 tiene la especificación técnica de HK-5/32-2.5, que se toma del catálogo de Gill Corporation [32], cuyas condiciones geométricas para cada celda son las siguientes.

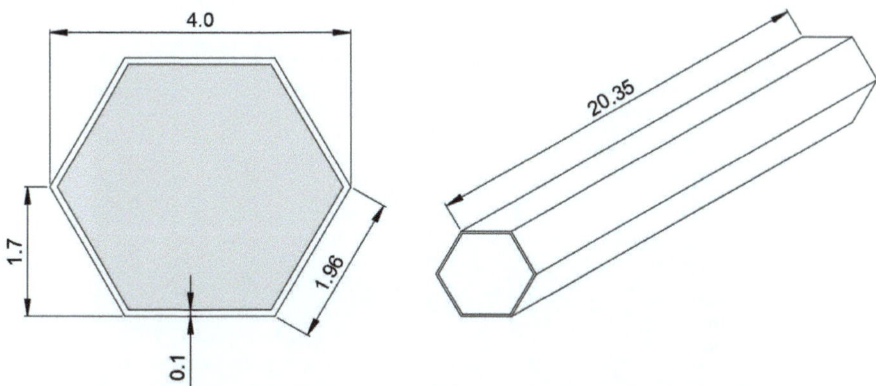

Figura 84.- Especificaciones de celdas de honeycomb (sin escala y acotada en mm).

Con las especificaciones geométricas del panal se determina la relación de diámetros (L_h/D_h) y se obtiene un valor de aproximadamente 6, cumpliendo con lo sugerido por Pope, como se demuestra a continuación, para determinar el diámetro hidráulico de una celda se utiliza la siguiente ecuación:

$$D_h = \frac{4A}{PM}$$

(15

El área para la celda se determina con la relación A=3*L*ap.

Para el perímetro mojado se consideran los 6 lados de la celda, así el diámetro hidráulico tiene un valor de 0.0034m, y como se indica en la figura 84 el largo del honeycomb en la dirección del flujo L_h es de 0.02035m por lo tanto la relación de diámetros queda:

$$\frac{L_h}{D_h} \cong 6$$

Para determinar la condición de la porosidad en el panal se considera que la celda tiene un espesor de 0.1mm, obteniéndose el siguiente resultado:

$$\beta_h = \frac{A_{flow}}{A_{total}} = 0.94$$

Considerando que la cámara estabilizadora tiene una sección transversal cuadrada de 0.735m, y cada celda del honeycomb tiene un área total de 0.000011m^2 se cuenta con 51042 celdas en la sección instalada en la cámara estabilizadora, cumpliendo así con el criterio establecido por Metha y Bradshaw.

La figura de una fracción del panal instalado se presenta a continuación:

Figura 85.- Honeycomb instalado en la cámara estabilizadora.

El panal hexagonal instalado está fabricado con material de aramida y para unirlo al interior de la cámara estabilizadora se utilizó soldadura escocesa (scotch-weld) con el adhesivo estructural de uretano EC-3532 B/A, para realizar la unión fue necesario limpiar la superficie con disolvente, posteriormente se mezcla isocianato, generalmente conocido como endurecedor o acelerador, con poliol durante 30 segundos aproximadamente, lo que proporciona un tiempo de trabajo entre 5 a 15 minutos, durante el cual se realizó la aplicación del adhesivo en el contorno del panal para posicionarlo al interior del túnel de viento, una vez instalado se dejó curar durante 24 horas.

En la cámara estabilizadora se colocaron 2 paneles, en las mismas posiciones donde se encontraban colocadas las cribas de entrada y salida del flujo, tal como se indica en las figuras siguientes:

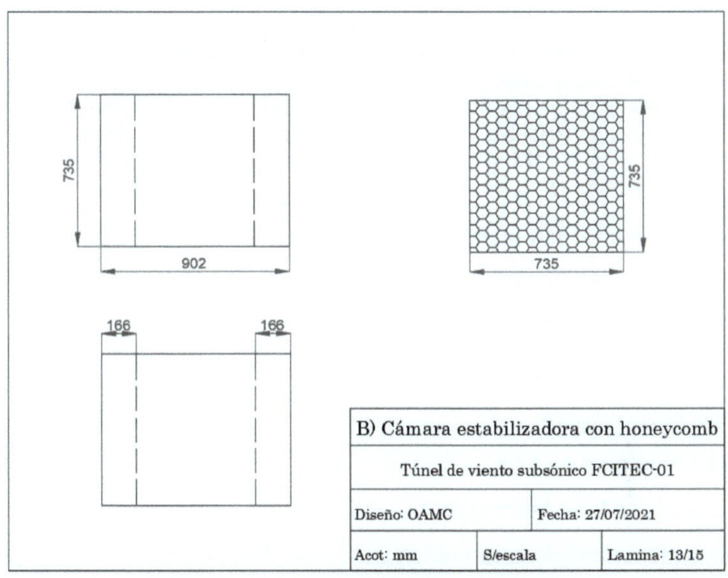

Figura 86.- Cámara estabilizadora con honeycomb.

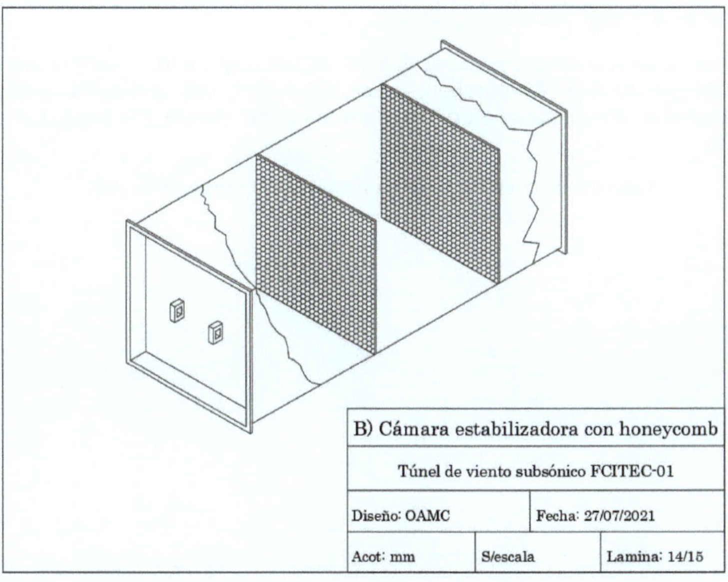

Figura 87.- Isométrico de cámara estabilizadora con Honeycomb.

67

El material con el cual está construido el panal se conoce como fibras de aramida y son una clase de fibras sintéticas resistentes y termoestables. Se utilizan en aplicaciones aeroespaciales, militares, tejidos para chalecos antibalas, compuestos balísticos y neumáticos de bicicleta. La producción de fibras de aramida es conocida bajo los nombres de marca Kevlar y Nomex. La primera producida fue llamada Nomex e introducido por Du Pont en 1961. Las características generales de Kevlar son [33]:

•· Alta resistencia a la tracción en Bajo Peso.

•· Elongación baja para romper.

•· Módulo alto (rigidez estructural).

•· Baja conductividad eléctrica.

•· Alta resistencia química.

•· Contracción térmica de baja.

•· Alta Tenacidad (Work-A-Break).

•· Excelente estabilidad dimensional.

•· Resistencia High Cut.

•· Resistente al Fuego, autoextinguible.

En la tabla 12 se muestran las especificaciones técnicas del honeycomb producido por la empresa Gill Corporation, para la figura los símbolos mostrados corresponden a la configuración geométrica del panal donde T = largo, L = ancho y w = alto.

Tabla 12.- Especificaciones de panal de Gill Corporation [32].

Gillcore® HK Honeycomb Description	Cell Size	Density	Compressive				Plate Shear					
			Bare		Stabilized		L Direction			W Direction		
			Strength		Strength		Strength		Modulus	Strength		Modulus
			TYP	MIN	TYP	MIN	TYP	MIN	TYP	TYP	MIN	TYP
	mm	kg/m³	Mpa	Mpa	Mpa	Mpa	Mpa	Mpa	Gpa	Mpa	Mpa	Gpa
HK-5/32-2.5	4.0	40	1.94	1.79	2.14	1.97	1.60	1.41	0.10	0.93	0.81	0.06
HK-5/32-6.0	4.0	96	7.30	6.86	8.01	7.45	3.56	3.46	0.18	2.71	2.60	0.10
HK-3/16-2.0	4.8	32	2.23	2.00	2.45	2.32	2.22	2.00	0.13	1.16	1.07	0.06

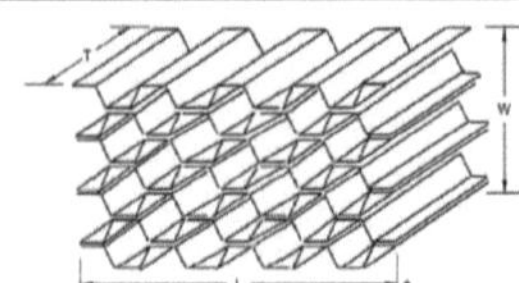

Esta información permite identificar los esfuerzos que puede soportar el material, y tomando en cuenta que la compresión será el esfuerzo más importante al que será sometido el panal, el mismo se determina con la siguiente ecuación:

$$P = \frac{F}{A} \tag{16}$$

Donde F es la fuerza que ejerce el flujo y A es el área que presenta el honeycomb en su sección transversal considerando el espesor de 0.1mm de las 51042 celdas que lo constituyen.

De acuerdo con esto, la fuerza se determina con la ecuación siguiente:

$$F = u * \rho * Q = \frac{m}{s} * \frac{kg}{m^3} * \frac{m^3}{s} = N \tag{17}$$

Siendo u la velocidad promedio, ρ la densidad del aire y Q el caudal. El área de determina considerando el espesor de cada celda y la totalidad de las mismas, por lo que la fuerza de compresión aplicada al honeycom será:

$$P = \frac{10.2N}{0.03m^2} = 342.57Pa$$

Comparando el valor de compresión obtenido con el indicado en la tabla 12, en la sección de compresión mínima libre (bare) que es de 1.79MPa se observa que no se tiene riesgo de falla en el material al no excederse el valor mínimo establecido por el fabricante.

Para alargar la vida del panal ya instalado en el túnel de viento se coloca un protector que evitará se acumule el polvo en las celdas, el cual tendrá las dimensiones de la cámara estabilizadora, la cual se aprecia en la figura 87. Además, periódicamente utilizando una aspiradora se dará limpieza al honeycomb para eliminar el polvo o basura que pudiera acumularse a pesar del protector.

En las figuras 88 a 97 se presenta el comparativo de los perfiles de velocidad obtenidos experimentalmente cuando la cámara estabilizadora contiene las cribas (línea color azul) y el honeycomb (línea color naranja), en la tabla 13 se enlista el valor de la turbulencia para cada perfil de velocidades.

La velocidad promedio obtenida en la zona de pruebas del túnel de viento es de 24m/s (potencia máxima del ventilador) con una densidad del aire promedio registrada de 1.19kg/m³. La incertidumbre estadística para la velocidad promedio es de 0.541m/s y la incertidumbre expandida para la densidad del aire es de 0.004621kg/m³. Con este valor de velocidad en la zona de pruebas se determina un número de Reynolds de 469479 y un número de Mach de 0.07.

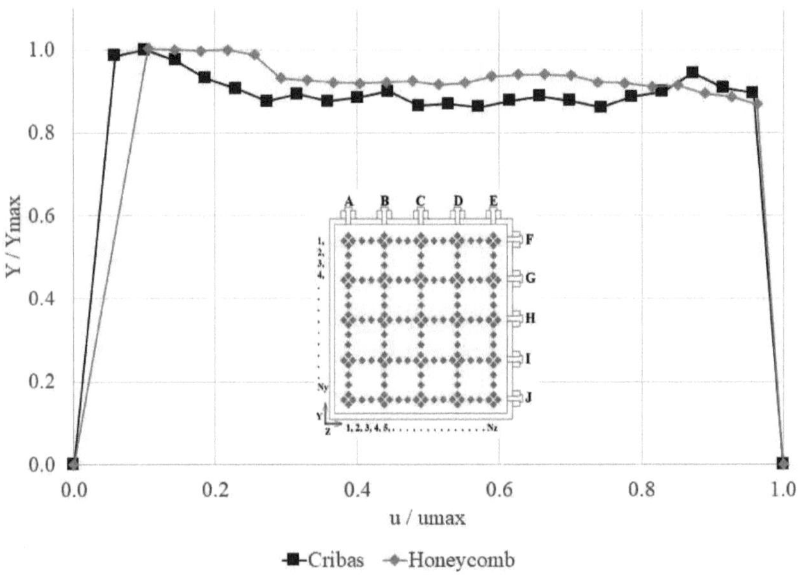

Figura 88.- Perfiles de velocidad sección A.

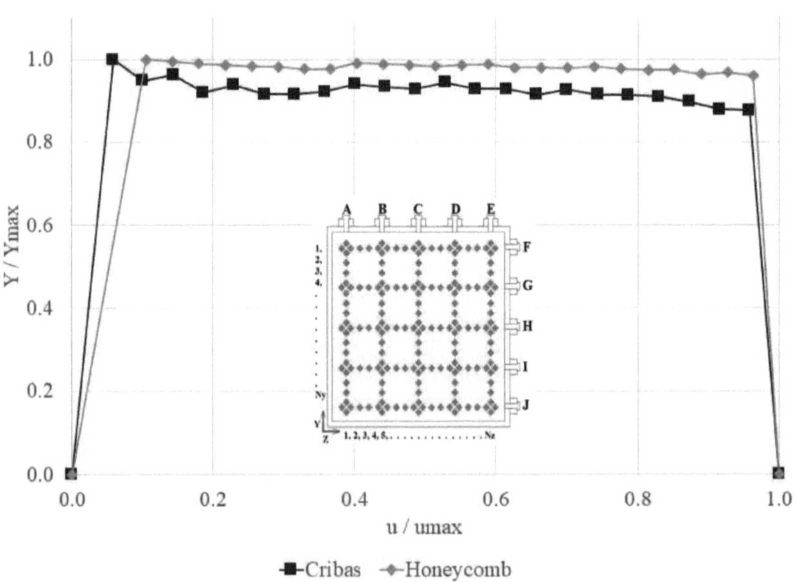

Figura 89.- Perfiles de velocidad sección B.

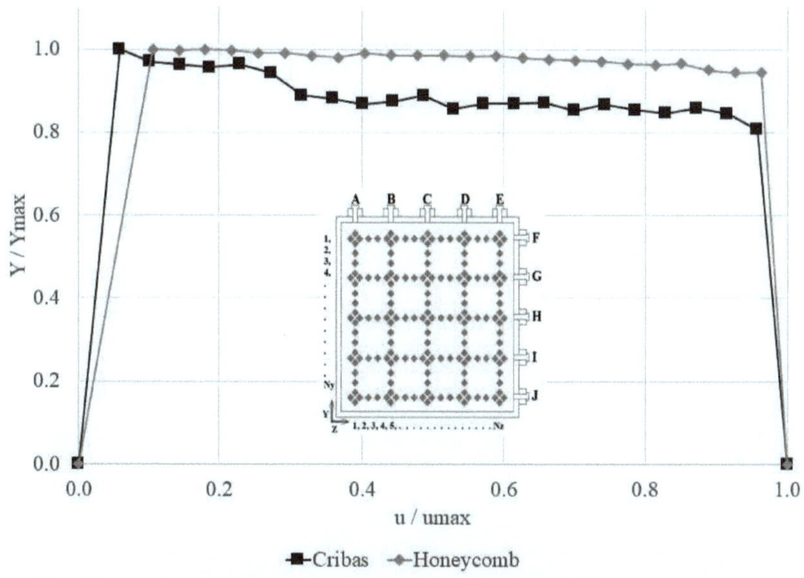

Figura 90.- Perfiles de velocidad sección C.

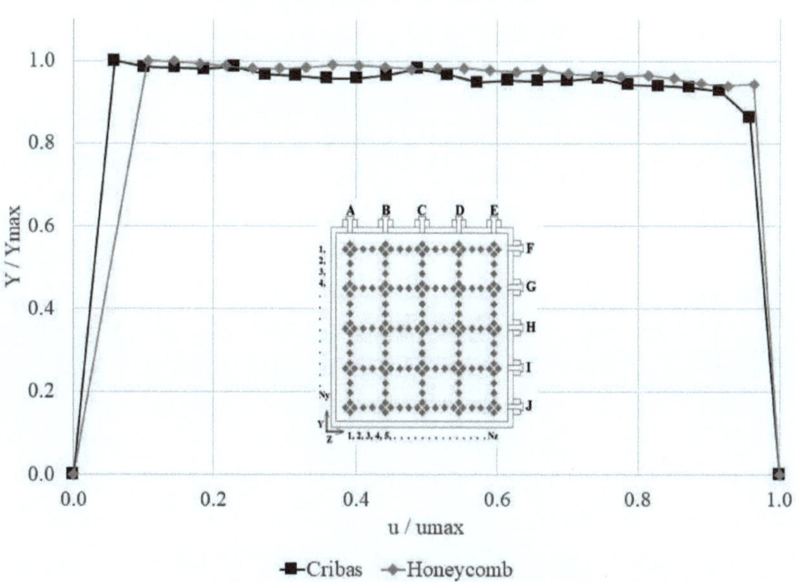

Figura 91.- Perfiles de velocidad sección D.

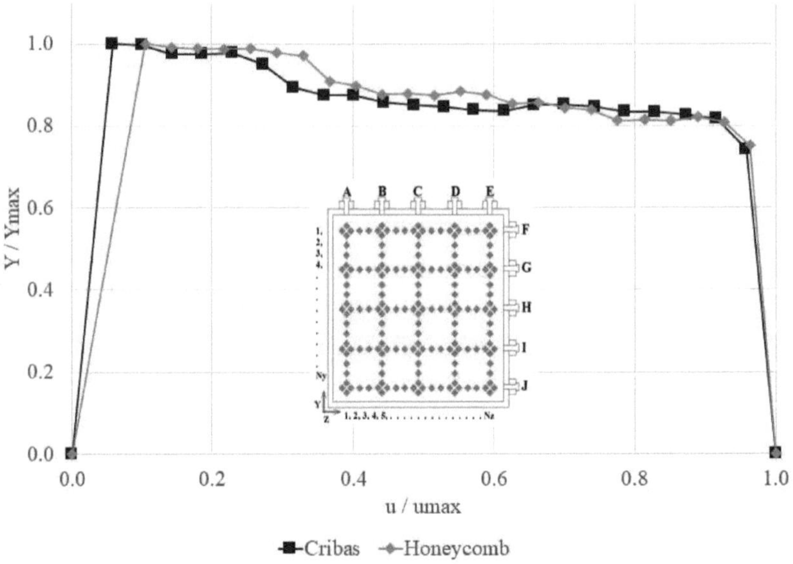

Figura 92.- Perfiles de velocidad sección E.

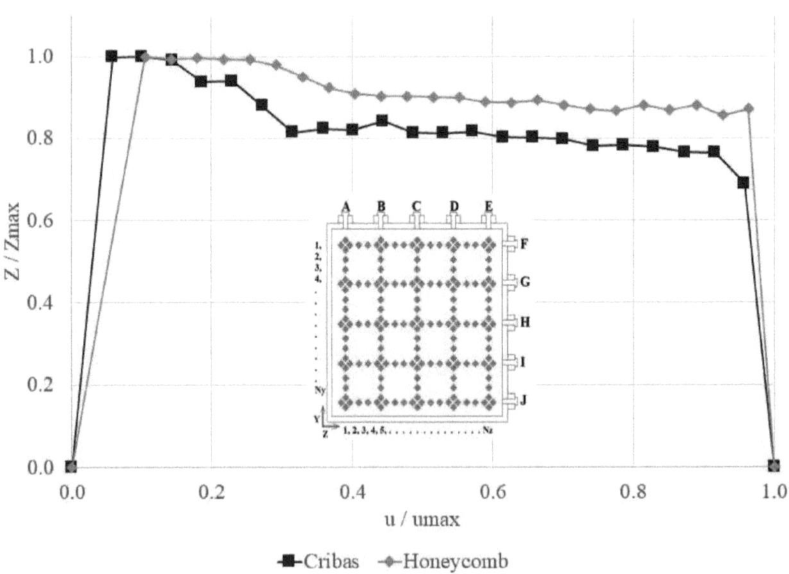

Figura 93.- Perfiles de velocidad sección F.

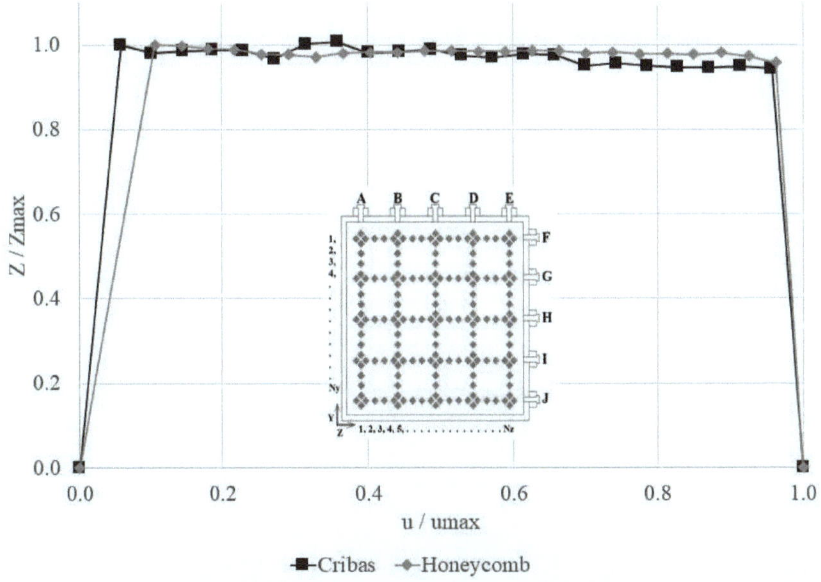

Figura 94.- Perfiles de velocidad sección G.

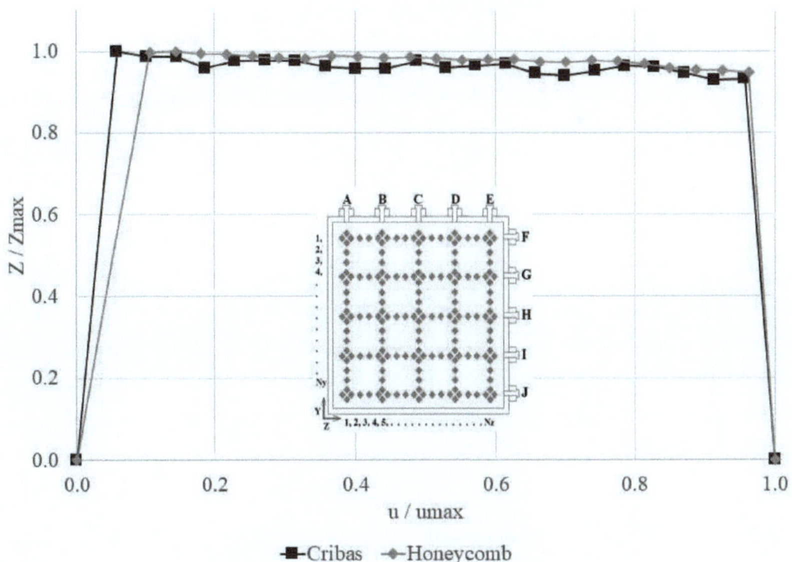

Figura 95.- Perfiles de velocidad sección H.

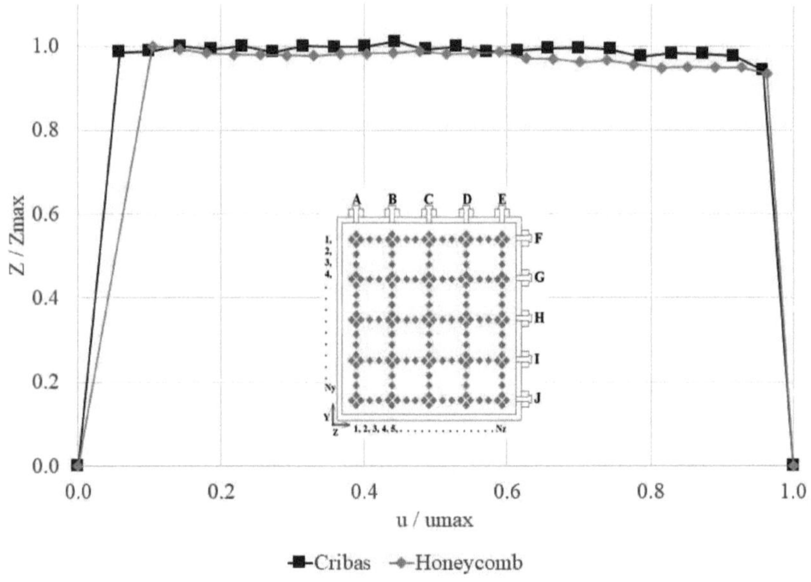

Figura 96.- Perfiles de velocidad sección I.

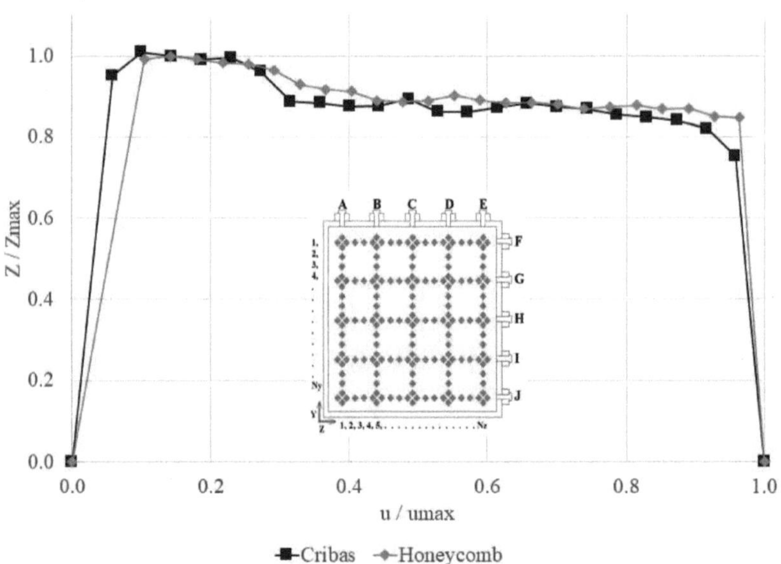

Figura 97.- Perfiles de velocidad sección J.

Tabla 13: Intensidad de la turbulencia en zona de pruebas de túnel de viento FCITEC-01.

Sección	Cámara estabilizadora con cribas	Cámara estabilizadora con honeycomb	Diferencia
A	4%	4%	0%
B	3%	1%	2%
C	6%	2%	4%
D	3%	2%	1%
E	8%	8%	0%
F	10%	5%	5%
G	2%	1%	1%
H	2%	1%	1%
I	1%	2%	1%
J	7%	5%	2%
Promedio	5%	3%	2%

En los perfiles de velocidad obtenidos cerca de las paredes (figuras 88, 92, 93 y 97), se observa un comportamiento irregular, esto se debe a que los mismos se midieron a una distancia de 0.024 m de la pared, por lo que existe una gran influencia de la capa limite en su comportamiento.

Para el caso particular del perfil de velocidad ubicado al centro de la zona de pruebas (sección C) medido para el eje Y (figura 90), el cambio en el comportamiento del flujo es notable, y mientras la intensidad de la turbulencia era del 6% cuando se encontraban instaladas las cribas, ahora con la instalación del honeycomb se tiene una Tu=0.02; mientras que para el otro perfil correspondiente a la misma zona (sección H) pero medido en el eje Z (figura 95), se mantiene el comportamiento uniforme del flujo reduciéndose la turbulencia en 1%.

En las secciones (figuras 89, 91, 94 y 96), cercanas al centro de la zona de pruebas los perfiles de velocidad mantienen un comportamiento estable y uniforme, y la variación en la intensidad de la turbulencia es del 1.5% en promedio.

La modificación realizada en la cámara estabilizadora origina una disminución en la intensidad promedio de la turbulencia, lo que permite considerar una región más amplia de flujo estable en la sección central de la zona de pruebas lo que permitirá desarrollar experimentos de visualización de flujo.

3.4. Aplicaciones e investigación.

La visualización de flujo es una herramienta en la mecánica de fluidos experimental que hace ciertas propiedades de un campo de flujo directamente accesible a la percepción visual. Se sabe que la observación de un patrón de flujo facilita el desarrollo de una comprensión y el análisis posterior de tal fenómeno. En general y en circunstancias normales, la mayoría de los fluidos, gases o líquidos, son medios transparentes y su movimiento permanece invisible para el ser humano durante la observación directa, a menos que se aplique una técnica que permita la visualización del flujo. Una gran variedad de métodos permiten hacer flujos de fluidos visibles ya sea en un laboratorio, entornos industriales y experimentos de campo., y aunque los principios físicos de muchas visualizaciones de flujo utilizan métodos bastante simples, se han hecho una importantes descubrimientos con estas técnicas. Un ejemplo destacado es el hallazgo de la existencia de estructuras coherentes en flujos turbulentos, realizado por W. Liepmann quien concluye: "Es irónico que este complejo flujo de estructuras fueran encontrados por los más primitivos métodos experimentales: la visualización de flujo" [34].

Drach y Corbella [35] utilizaron el Túnel de Viento de la Universidad Federal de Rio de Janeiro, para analizar los efectos del viento en espacios libres y urbanos. Utilizaron la técnica de arrastre de arena en modelos a escala de manzanas específicas de los barrios de Copacabana e Ipanema, barrios de la ciudad de Rio de Janeiro. A partir de las observaciones de la trayectoria del viento, es posible relacionar los resultados obtenidos con la morfología urbana de cada uno de los barrios.

El túnel de viento utilizado se muestra en la figura 98, el cual fue diseñado por el laboratorio de Aerodinámica de las Construcciones y fue montado en una sala de 8.80m x 7.60m, es capaz de desarrollar velocidades superiores a 10 m/s, las cuales son apropiadas para la realización de ensayos de erosión eólica.

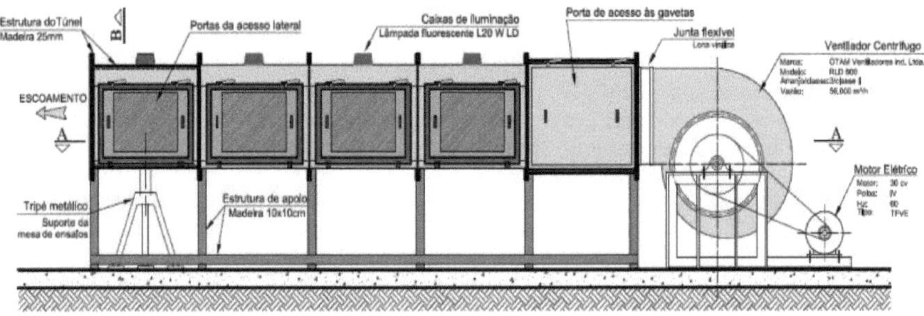

Figura 98.- Vista lateral de Túnel de viento de la FAU/UFRJ [35].

En la figura 99 se presentan imágenes fotográficas de la vista frontal de la zona de pruebas, donde se puede observar la mesa de ensayos, que posee un mecanismo giratorio, permitiendo que los modelos reducidos sean colocados de forma adecuada con relación a la dirección del viento que se desea evaluar.

En el proyecto se desea que al menos una parte del flujo se desarrolle sobre cubrimientos mínimos de diferentes tipos de rugosidad. Por eso, el desarrollo del flujo se da a través de una larga superficie rugosa. También se observan los obstáculos llamados "generadores de turbulencia", con forma de aletas de tiburón y la superficie rugosa sobre la que el flujo se desenvuelve antes de llegar a la mesa de experimentos.

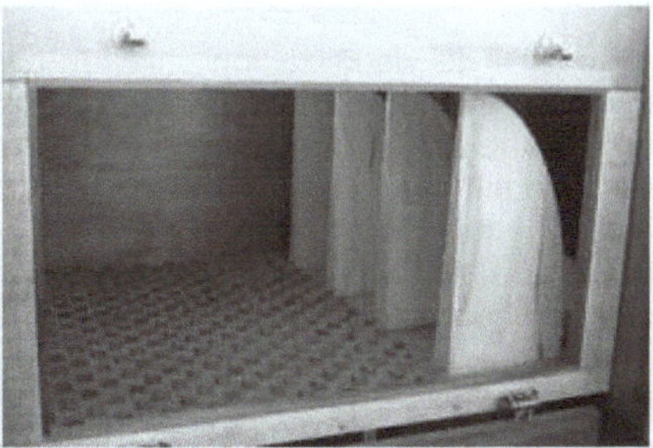

Figura 99.- Vista frontal de Túnel de viento (izq) y obstáculos generadores de turbulencia (der) [35].

La maqueta se instaló en la mesa de ensayos urbanos considerando que las estructuras más altas debían contar con alrededor de 150mm y las más bajas de 30mm. Para que las maquetas permitieran la visualización clara de los efectos de los vientos, utilizaron color escuro en la base de la maqueta, arena clara y materiales resistentes a los efectos del viento como se aprecia en la figura 100.

Figura 100.- Maquetas de Copacabana (Izq) e Ipanema (der) [35].

La técnica de visualización utilizada conocida como erosión eólica o de "arrastre de arena" ayuda a entender los caminos que el viento realiza en el medio urbano, como también sus posibles entradas y barreras. A través de esta técnica es posible observar, en el nivel del peatón, zonas ventiladas o estancadas, en función de los vientos dominantes. El estudio de las zonas donde la arena se acumula, combinado con el estudio de la insolación, permite identificar posibles islas de calor, así como zonas con concentración de polución.

La técnica del "arrastre de arena" consiste en aplicar arena seleccionada sobre todas las superficies expuestas de la maqueta y, a continuación, accionar el túnel de viento. En el primer ensayo del túnel de viento con una maqueta urbana utilizaron arena de granulometría 0.03 mm, pero ésta no presentó dislocamientos significativos, ni siquiera con la velocidad más alta. Nuevos ensayos fueron realizados con otros materiales: arcilla (#0.0075mm); arena (#0.0075mm); un nuevo ensayo con arena más gruesa (#0.015mm), talco y cemento. Evaluando las ventajas e inconvenientes de cada material con relación al diseño de las instalaciones del túnel adoptaron la arena de granulometría menor (#0.0075mm), una arena clara y fina obtenida usando tamices.

En la figura 101 se muestran los resultados de los experimentos y para resaltar los mismos se ilustraron de color naranja. Para todas las incidencias de viento, o sea, sudeste, sur, este, oeste y sudoeste, los resultados de las visualizaciones indicaron una mejor distribución de la ventilación en las manzanas del barrio de Ipanema. El viento fue capaz de penetrar en las calles internas que aparecen en el área de estudio. Se observó una menor incidencia de áreas estancadas, resultando en una menor posibilidad de formación de islas de calor.

En el caso de Copacabana, donde una barrera de edificios con prácticamente la misma altura bloquea significativamente la entrada del viento, existe una reducción de la ventilación en las zonas más internas del barrio. En el caso de que estas áreas escasamente ventiladas estén expuestas a la insolación, pueden presentar un aumento en la temperatura, lo que dificultará también la dispersión de los gases producidos por ómnibus y automóviles.

Cualitativamente hablando los investigadores concluyen que a partir de los experimentos realizados y de la identificación de eventuales puntos críticos es posible señalar y ensayar intervenciones que ayuden a adecuar la necesidad de confort y de espacio urbano. Las posibles interferencias que pueden ser sugeridas para las áreas estancadas varían de acuerdo con la región climática donde están localizadas. Por ejemplo, en regiones de clima cálido húmedo, se sabe que se debe inducir una mayor ventilación. Así, las alteraciones de la forma y de las posiciones de obstáculos, que permitan el re-direccionamiento del viento, pueden ser estudiadas para inducir un incremento de ventilación, contando también con las sombras para amenizar el problema y evitar la formación de islas de calor.

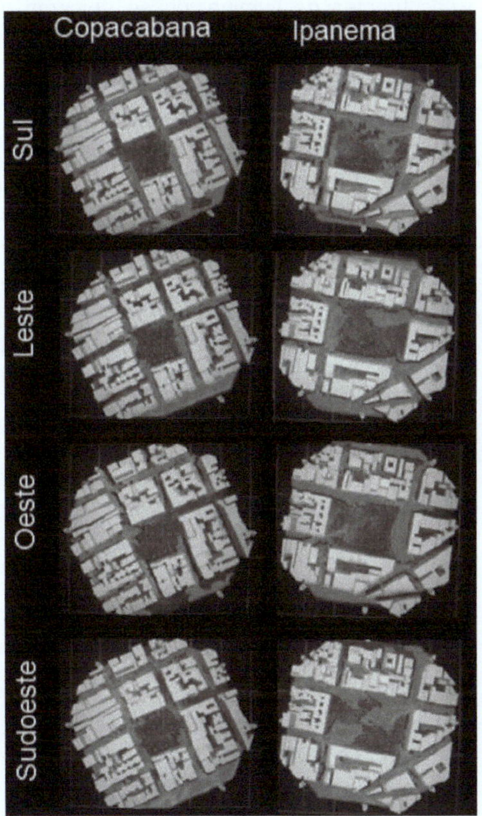

Figura 101.- Trayectorias de flujo de viento sobre las maquetas [35].

Para el caso del análisis cualitativo del flujo turbulento en un medio poroso (que puede representar un modelo a escala de una zona urbana o un sistema del cual se realiza la extracción de algún fluido) se utiliza la técnica de visualización de flujo con humo aplicada en el túnel de viento subsónico FCITEC-01 y para esto se construyó un prototipo con una impresora 3D de la marca Creality CR-X® que utiliza filamentos de PLA (ácido poliláctico) con dímetro de 1.72mm. El tiempo de trabajo para la construcción del modelo completo es de 12 horas, y los diferentes prismas construidos se pegan a una placa de acrílico con silicón. Se eligió un modelo con estas características debido a la naturaleza de la prueba, ya que porosidades pequeñas imposibilitan la aplicación de esta técnica de visualización.

En la figura 102 puede apreciarse el montaje del prototipo en la zona de pruebas, el cual se coloca al centro de la misma, el dispositivo de adquisición de grabación se coloca a 50cm y las fuentes de iluminación se ubicaron de manera cenital aproximadamente a 15cm. La filmación del flujo del humo a través del prototipo se realiza con un dispositivo celular de grabación de videos en HD de 1080p, de hasta 30 cuadros por segundo con una resolución de 1136 x 640 pixeles a 326PPI.

El prototipo se ilumina con fuentes de luz de día con temperatura de color de 6500K, teniendo un índice de reproducción cromática de 80, así mismo al utilizarse circuitos integrados estabilizados para suministrar la corriente eléctrica, el parpadeo conocido como "Flicker" es prácticamente nulo (inferior al 1.0 % con el método Flicker ciento), dichos circuitos estabilizadores están integrados en la lámpara, el tipo de corriente eléctrica utilizada fue alterna (C.A.) con Voltaje de 127 y potencia de 11 Watts permitiendo un flujo luminoso para cada lámpara de 1050 lumen. Las imágenes obtenidas se trataron con el software comercial VLC media player®. Para la obtención de imágenes con un mejor enfoque del objeto se utiliza una caja de luz que cubre la zona de pruebas. El material utilizado para la construcción de la misma es perfil de aluminio estructural 20 x 20, la cual se cubre con tela de lino color negro.

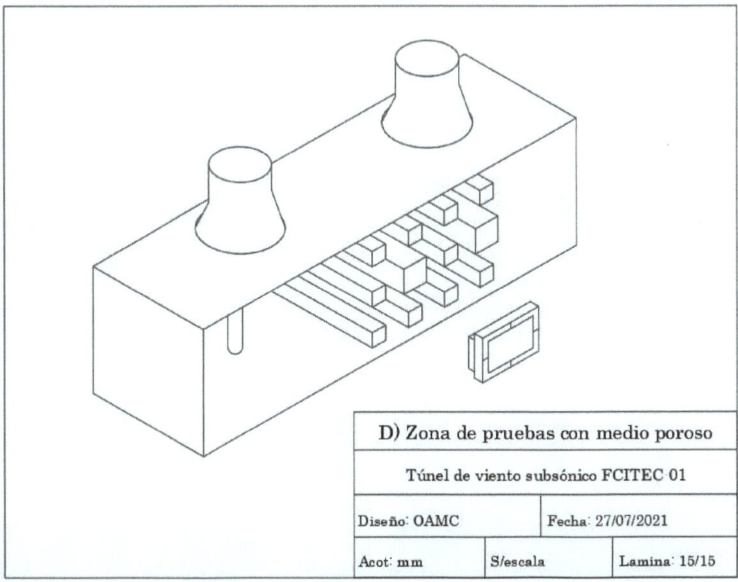

Figura 102.- Aplicación de técnica de visualización con humo.

En las figuras anexas (103a-103l) se presenta el flujo de humo sobre el modelo en un periodo de tiempo de 0.744s. La discusión a detalle del comportamiento del flujo turbulento se expone en publicaciones de la especialidad [36].

a) Visualización de flujo para t=1.

b) Visualización de flujo para t=2.

c) Visualización de flujo para t=3.

d) Visualización de flujo para t=4.

e) Visualización de flujo para t=5.

f) Visualización de flujo para t=6.

g) Visualización de flujo para t=7.

h) Visualización de flujo para t=8.

i) Visualización de flujo para t=9.

j) Visualización de flujo para t=10.

k) Visualización de flujo para t=11.

l) Visualización de flujo para t=12.

Referencias

[1] J. Green y J. Quest, "A short history of the European Transonic Wind Tunnel ETW", Progress in Aerospace Sciences, Elsevier, vol. 47. pp. 319-368. 2011.

[2] M. Goodrich, and J. Gorham, "Wind tunnels of the western hemisphere", In Federal Research Division Library of Congress, Washington, D.C. 2008.

[3] M. Goodrich, J. Gorham, N. Ivey, S. Kim, M. Lewis and C. Minkus, "Wind tunnels of the eastern hemisphere", In Federal Research Division Library of Congress, Washington, D.C. 2008.

[4] TsAGI, Central Aerohydrodynamic Institute, [En línea]. Available: http://tsagi.com/experimental_base/ [Último acceso: 15-06-2022].

[5] EWT, European Transonic Wind tunnel, [En línea]. Available: https://www.etw.de/ [Último acceso: 29-06-2022].

[6] MIT, Túnel de viento de los Hermanos Wright, [En línea]. Available: https://aeroastro.mit.edu/about-us/wright-brothers-wind-tunnel/ [Último acceso: 15-07-2022].

[7] NASA, Túnel de viento baja velocidad, [En línea]. Available: https://www.nasa.gov/feature/low-speed-wind-tunnel-test-provides-important-data [Último acceso: 27-07-2022].

[8] IIUNAM, Grupo de Ingenieria del viento, [En línea]. Available: http://grupos.iingen.unam.mx/ingviento/es-mx/Paginas/default.aspx [Último acceso: 27-07-2022].

[9] ARMFIELD, [En línea]. Available: https://armfield.co.uk/ [Último acceso: 02-08-2022].

[10]   TECQUIPMENT, [En línea]. Available: https://www.tecquipment.com/es/ [Último acceso: 02-08-2022].

[11]   AEROLAB, [En línea]. Available: https://www.aerolab.com/ [Último acceso: 02- 08-2022].

[12] R. Mehta and P. Bradshaw, "Design Rules For Small Low Speed Wind Tunnels", The Aeronautical Journal of the Royal Aeronautical Society, no. 718, pp. 443-449, 1979.

[13] R. Loehrke and H. Nagib," Control of free stream turbulence by means of honeycombs: a balance between suppression and generation", Journal of Fluids Engineering, pp. 342-351, 1976.

[14] J. Lumley, and J. McMahon, "Reducing Water Tunnel Turbulence by Means of a Honeycomb", Journal of Basic Engineering, TRANS. ASME, Series D, Vol. 89, p. 764, 1967.

[15] J. Scheiman, "Considerations for the Installation of Honeycomb and Screens to Reduce Wind-Tunnel Turbulence", NASA Technical Memorandum 81868, 1981.

[16] G. Schubauer, W. Spangenberg and P. Klebanoff, "Aerodynamic Characteristics of Damping Screens", NACA TN 2001, 1950.

[17] R. Loehrke and H. Nagib, "Experiments on Management of Free-Stream Turbulence", AGARD-R-598, Sept, 1972.

[18] M. Arifuzzaman and M. Mashud, "Design Construction and Performance Test of a Low Cost Subsonic Wind Tunnel", Journal of Engineering, vol 2, no.1, pp. 83-92, 2012.

[19] P. Rosas, "Caracterización del túnel de viento de baja velocidad del LABINTHAP", Tesis de Maestría, Instituto Politécnico Nacional, Ciudad de México, México, 2010.

[20]   Air Movement and Control Association International, inc., "Laboratory methods of testing fang for rating", vol. ANSI/AMCA 210/99, ANSI/ASHARE, 1999.

[21]   A. Pope, J. H. Barlow y W. J. H. Rae, "Low-Speed Wind Tunnel Testing", John Wiley & Sons, 1999.

[22]   P. Bradshaw y R. Pankhurst, "The design of low-speed wind tunnels", Elsevier Ltd., 1964.

[23]   T. Morel, "Comprehensive Design of Axisymmetric Wind Tunnel Contractions", ASME, 1975.

[24]   S. Wang, "Handbook of Air Conditioning and Refrigeration", 2ª edición, Ed. McGraw-Hill, Nueva York, pp. 17.77, 2001.

[25] R. Mott. "Mecánica de Fluidos", 6ª Edición, Ed. Pearson Prentice Hall, 2006.

[26] R. Figliola and D. Beasley, "Theory and design for mechanical measurements", New York: John Wiley & Sons, 1991.

[27] S. Becerra y G. Guardado, "Estimación de la Incertidumbre en la Determinación de la Densidad del Aire", Centro Nacional de Metrología, Querétaro, pp. 1-23, 2003.

[28] F. White, "Viscous fluid flow", McGraw-Hill, New York, 2006.

[29] Davis [En línea] Available: www.davisnet.com [Último acceso: 03-08-2022].

[30] Extech [En línea] Available: www.extech.com [Último acceso: 03-08-2022].

[31] R. Peinado, "Sistema eléctrico y de control de potencia de un Túnel aerodinámico", Tesis de licenciatura, Universidad Politécnica de Madrid, España, 2012.

[32] The Gill Corporation, [En línea] Available: https://www.thegillcorp.com/ [Último acceso: 03-08-2022].

[33] Du Pont Kevlar, [En línea] Available: https://www.dupont.mx/brands/kevlar.html [Último acceso: 03-08-2022].

[34] C. Tropea, A. Yarin and J. Foss. "Handbook of Experimental Fluid Mechanics". Ed. Spriger-Verlag, Berlin Heidelberg, 2007.

[35] P. Drach y O. Corbella, "Estudios para visualización de experimentos en túnel de viento: barrios de Copacabana e Ipanema", in Acta de la XXXVII Reunión de Trabajo de la Asociación Argentina de Energías Renovables y Medio Ambiente, agosto de 2016.

[36] O. Morales, J. Paz, A. Gómez, S. Martínez, N. Ramos, R. Galindo y A. Alonzo, "Análisis numérico-experimental de las capacidades de mezclado de un medio poroso en régimen turbulento", Memorias del XXVIII Congreso internacional anual de la SOMIM, Bogotá, Colombia, 21 al 23 de septiembre de 2022.

[37] O. Morales, A. Gómez y J. Paz, "Buje para sonda de presión tipo tubo de Pitot o Prandtl", Modelo de utilidad No. 5267, Ciudad de México, junio de 2023.

[38] O. Morales, V. Bautista, C. Vargas y M. Paz, "Modelo industrial de base para sonda inyectora de humo adaptable a generador comercial utilizado en la visualización de flujo en túnel de viento", Diseño industrial No. 68637, Ciudad de México, noviembre de 2023.

TÚNEL DE
VIENTO
SUBSÓNICO
FCITEC-01

FSC
www.fsc.org
MIX
Papier aus verantwortungsvollen Quellen
Paper from responsible sources
FSC® C105338